晉汾古建築預查紀略

（手繪建築遺存版）

林徽因 梁思成 著
連達 手繪

華文出版社
SINO-CULTURE PRESS

图书在版编目（CIP）数据
晋汾古建筑预查纪略 ：手绘建筑遗存版 / 林徽因，梁思成著 ；连达绘. -- 北京 ：华文出版社，2025. 4.
ISBN 978-7-5075-6099-2
Ⅰ. TU-092.2
中国国家版本馆CIP数据核字第202532BC30号

晋汾古建筑预查纪略：手绘建筑遗存版

中国国家图书馆馆藏《中国营造学社汇刊》版本

作　　者：林徽因　梁思成
绘　　者：连　达
出版统筹：董　易
策划编辑：董　易
责任编辑：刘　健
助理编辑：祁　喆
出版发行：华文出版社
地　　址：北京市西城区广外大街 305 号 8 区 2 号楼
邮政邮编：100055
网　　址：http://www.hwcbs.cn
电　　话：总编室 010-58336210　编辑部 010-58336238
发行部 010-58336267　010-58336202
印　　刷：北京新华印刷有限公司
开　　本：787mm × 1092mm　1/32
印　　张：2.875　插页 40 页
字　　数：40 千字
版　　次：2025 年 4 月第 1 版
印　　次：2025 年 4 月第 1 次印刷
标准书号：ISBN 978-7-5075-6099-2
定　　价：68.00 元

序言

林徽因和梁思成两位先生长于中国清末民初时期，这是一个充满动荡的年代。自从鸦片战争以来，中华民族的自尊心受到了严重打击。人们对传承了几千年的中华传统文化产生了怀疑，将与之相关的一切文化形式都视为腐朽、落后和无用的；认为中华传统文化应当被摒弃、改良和替代；认为洋人的东西从根本上就是优于中国的，哪怕沾一点洋气，都可以在那时的中国大行其道。梁思成先生就曾提到过许多优秀的古建筑和老街区都曾经历“改动”，或是被毫不吝惜地拆毁，或是进行“西洋化”风格改造。哪怕仅是在一座宅院大门的顶上砌一座三角形的尖顶，就能算是实现了对老宅的“西洋化”改造，主人也能顿时觉得房子变得体面许多。因此，中国的古建筑渐渐变得无人在意，也自然就失去了保护。

出于对中国建筑文化深深的热爱和忧虑，这两位曾经留美学习建筑学的年轻人，毅然决然地开始整理中国古建筑知识和资料，决心要为这些属于中华文化自己的美好建筑们留下详实的记录。他们随后系统地编纂中国建筑史，致力于将建筑从当时被视为普通“粗笨匠人活计”的观念中解放出来，使其成为一门科学，并注入中国传统建筑深厚的文化内涵。林徽因和梁思成两位先生不仅是近代以来认识到古建筑价值并为其付诸行动的先驱，更是这一领域呕心沥血、不懈奋斗的杰出代表。

他们从北平的旧宫殿、坛庙和园林等古建筑入手，拜访当时仍健在的老工匠，学习清代建筑技艺。随着蓟县独乐寺辽代建筑的发现，他们又以此为依据，成功“破译”了北宋李诫的《营造法式》，读懂了里面那些晦涩的专业知识，为研究中国古建筑打开了大门。自此两位先生和他们“中国营造学社”的同仁们彻底踏上了研究中国古建筑的征途，一发不可收拾地开始了踏访、测绘各地古建筑的行程。

20世纪30年代初，中原大战刚刚结束，局势混乱，各地军阀和匪帮横行。他们就曾在记录里多次提到过，某地的古建筑被军队占用或遭到破坏。更不要说当时的局势混乱，不但前往各地的安全性存在很大风险，还有交通方式、路况、食宿、卫生条件等问题，这一路的艰辛，是今日享受便捷生活的我们难以想象的。林徽因先生虽为女性，却也跟着大家在外连续奔波多日，风餐露宿，或攀上鸟粪遍布的屋顶梁架，或跋涉在泥泞不堪的道路上，或居住在卫生状况极差——有跳蚤和臭虫的“旅馆”、农家、寺庙中。他们以极强的毅力和无比的责任心对所到之处的古建筑进行详实的记录、拍照和测绘，为今天留下了大量的珍稀资料，这些记录“已成绝唱”。

1934年夏，林徽因和梁思成两位先生在他们好友费正清和费慰梅夫妇的陪同下从北平来到山西，以汾阳峪道河为起点开启了“晋汾古建筑预查之行”。这次考察堪称他们多年调研古建筑生涯中相当轻松愉快的一次。在好友的陪伴下，他们以避暑为缘起的行程充满了欢声笑语，此行还记录了散落在山西中南部城镇和乡间的诸多不同式样的古建筑，堪称成果丰硕。这条路线正处在汾河谷地与吕梁山脉交界的地方，依林先生的记录，沿线保存着大量的珍贵古建筑，有些建筑形制堪称孤例。其中文水、汾阳和霍州等地的古迹数量多，质量高。可惜时至今日，记录中的古建筑大多已经被毁掉，万幸的是，仍有广胜寺这种重量级古建筑留存下来。

在林徽因先生的记录下，这次旅程以一种散文诗般的格调铺开，更是披上了一层林徽因先生独有的诗人气质和浪漫色彩，读起来令我们回味无穷。盛夏里的旅行转瞬即逝，距今已有 90 年，但这本《晋汾古建筑预查纪略》在漫漫岁月长河中仍然闪烁着光辉，书中不仅有旅途中记录下的诸多古建筑，更充溢着当时社会生活的鲜活细节。

虽然那年的盛夏和许多古建筑都已远去，但《晋汾古建筑预查纪略》以另一种方式把那年的炽热永远留在了我们身旁，帮助我们与林徽因和梁思成两位先生产生精神上的沟通和共鸣。当我陆续走完这些建筑遗存，并用画笔记录它们今天的样貌时，仿佛再次看到了两位先生在那个夏天的点滴。

晉汾古建築預查紀略目錄

圖版壹

(甲) 汾陽龍天廟

(乙) 龍天廟獻食棚及牌樓

(丙) 龍天廟正殿前檐柱及斗栱

(丁) 龍天廟正殿斗栱

(戊) 龍天廟正殿元匾

圖版貳

（甲）汾陽大相村崇勝寺天王門

（丁）天王門後檐斗栱

（乙）崇勝寺天王門斗栱

（丙）崇勝寺天王門前檐斗栱後尾

（戊）崇勝寺鐘樓

圖版叁

殿王天寺勝崇 （甲）

殿前寺勝崇 （乙）

栱斗殿前寺勝崇 （丙）

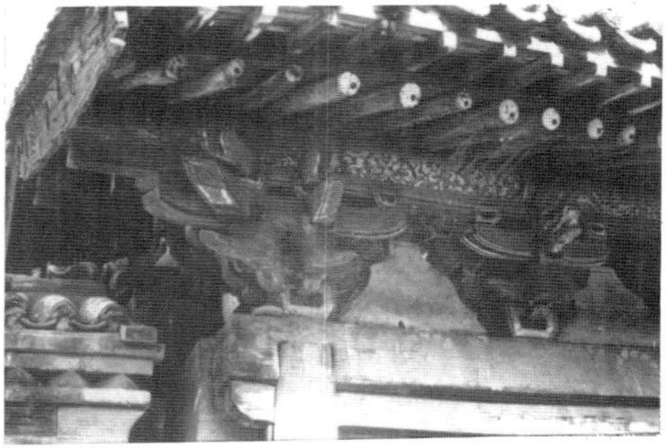

栱斗殿配東殿前寺勝崇 （丁）

圖版肆

崇勝寺正殿 （甲）

崇勝寺正殿斗栱 （乙）

正殿斗栱後尾 （丙）

正殿廊下齋碑 （丁）

圖版伍

(甲) 崇勝寺後殿

(乙) 後殿外檐斗栱

(丙) 後殿內額及斗栱

(丁) 後殿格扇

(戊) 後殿脊飾

圖版陸

（甲）汾陽杏花村國寧寺正殿斗栱

（乙）國寧寺正殿梁架

（丙）文水開柵鎮聖母廟正殿

（丁）聖母廟正殿斗栱

（戊）聖母廟正殿歇山結構

圖版柒

殿成大廟文水文（甲）

栱斗殿成大廟文（乙）

架梁殿成大廟文（丙）

栱斗角轉門戟廟文（丁）

圖版捌

（甲）汾陽小相村靈岩寺正殿址及鐵佛像

（乙）靈岩寺正殿東側鐵佛像

（丙）靈岩寺前殿佛像

（丁）靈岩寺西部殘窟券壁

圖版玖

(甲) 靈岩寺磚塔

(乙) 靈岩寺水陸樓

(丙) 孝義吳屯村東嶽廟正殿

(丁) 霍縣太清觀正殿

(戊) 太清觀正殿斗棋

圖版拾

（甲）霍縣文廟大成門

（乙）文廟大成門斗栱

（丙）文廟大成殿

（丁）文廟大成殿斗栱

（戊）文廟大成殿斗栱後尾及梁架

圖版拾壹

（丙）東福昌寺魏造像殘石

（甲）霍縣東福昌寺正殿

（乙）東福昌寺正殿東側園廊檐部

（丁）西福昌寺正殿

圖版拾貳

（丙）火星聖母廟琉璃獅子

（甲）霍縣火星聖母廟大門內廂房

（丁）霍縣縣政府大堂抱廈及斗栱

（乙）火星聖母廟正殿

（戊）縣政府大堂柱礎

圖版拾叁

霍縣北門外石橋（甲）

石橋欄杆（乙）

石橋鐵牛（丙）

趙城縣侯村媧皇廟正殿（丁）

圖版拾肆

媧皇廟正殿上檐斗栱（甲）

媧皇廟正殿歇山梁架（乙）

媧皇廟正殿門鈸（丙）

媧皇廟宋經幢座彫刻（丁）

圖版拾伍

（甲）趙城縣廣勝寺下寺山門

（乙）廣勝寺下寺山門下檐

（丙）廣勝寺下寺前殿前面

（丁）廣勝寺下寺前殿斗栱

圖版拾陸

（甲）廣勝寺下寺前殿後面

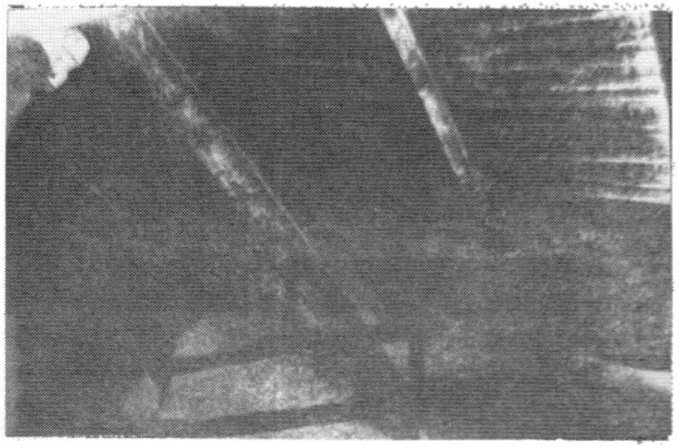

（丙）廣勝寺下寺前殿梁架（其二）

（乙）廣勝寺下寺前殿梁架（其一）

史克門先生攝影

（丁）廣勝寺下寺前殿僧像

圖版拾柒

廣勝寺下寺正殿（甲）

廣勝寺下寺正殿菩薩（丁）

廣勝寺下寺朶殿（戊）

廣勝寺下寺正殿斗栱（乙）

廣勝寺下寺正殿梁架（丙）

史克門先生攝影

圖版拾捌

廣勝寺上寺前殿 （丙）

廣勝寺上寺前殿斗栱 （丁）

廣勝寺上寺飛虹塔琉璃彫飾（乙）

史克門先生攝影

廣勝寺上寺飛虹塔 （甲）

廣勝寺上寺前殿佛像（戊）

圖版拾玖

廣勝寺上寺正殿（甲）

廣勝寺上寺正殿斗栱（乙）

史克門先生攝影

廣勝寺上寺正殿菩薩（丙）

廣勝寺上寺正殿佛龕雕飾（丁）

圖版貳拾

廣勝寺上寺後殿格扇（丙）

廣勝寺上寺後殿佛像（丁）

史克門先生攝影

廣勝寺上寺後殿（甲）

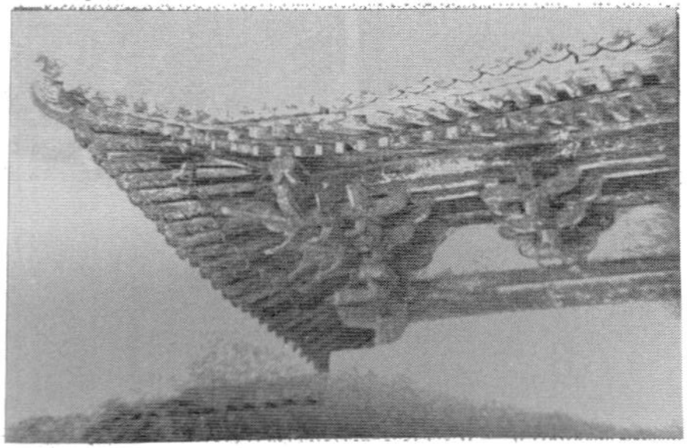

廣勝寺上寺後殿斗栱（乙）

圖版貳拾壹

（甲）廣勝寺龍王廟明應王殿

（乙）廣勝寺龍王廟明應王殿斗栱

（丙）趙城縣霍山中鎮廟斗栱

圖版貳拾貳

（甲）太原縣晉祠聖母廟正殿

（乙）晉祠聖母廟正殿斗栱

（丙）晉祠聖母廟正殿外檐梁架

圖版貳拾叁

晉祠聖母廟獻殿（甲）

晉祠聖母廟獻殿斗栱（乙）

晉祠聖母廟獻殿梁架及斗栱後尾（丙）

晉祠聖母廟獻殿前宋鐵獅（丁）

圖版貳拾肆

（甲）晉祠聖母廟飛梁及柱斗栱

（乙）晉祠宋金人

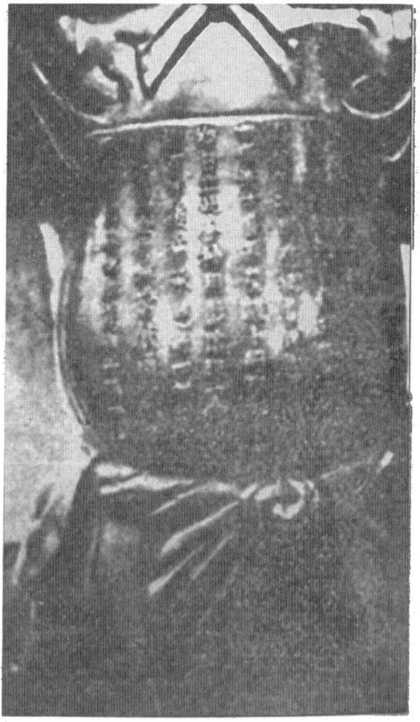

（丙）晉祠宋金人鑄字

圖版貳拾伍

（甲）山西村落門樓

（乙）山西民居土窰（其一）

（丙）山西民居土窰（其二）

（丁）山西民居土窰（其三）

（戊）山西民居庭院

圖版貳拾陸

（甲）山西民居磚窰

（乙）山西民居磚窰頂上

（丙）建築中之土坯磚窰

（丁）霍山某民居門神

圖版貳拾柒

峪道河磨坊外景（甲）

峪道河磨坊內院(其二)（丙）

峪道河磨坊內院(其一)（乙）

山西鄉村民居外牆（丁）

晉汾古建築預查紀略

林徽因
梁思成

去夏乘暑假之便，作晉汾之遊。汾陽城外峪道河，爲山右絕好消夏的去處；地據白彪山麓，因神頭有『馬跑神泉』，自從宋太宗的駿騎蹄下踴出甘泉，救了乾渴的三軍，這泉水便沒有停流過，千年來爲沿溪數十家磨坊供給原動力，直至電氣磨機在平遙創立了山西麵粉業的中心，這源源清流始閑散的單剩曲折的畫意。轆轆輪聲既然消寂下來，而空靜的磨坊便也成了許多洋人避暑的別墅。

說起來中國人避暑的地方，那一處不是洋人開的天地，北戴河，牯嶺，莫干山，…所以峪道河也不是例外。其實去年在峪道河避暑的，除去一位娶英籍太太的教授和我們外，全體都是山西內地傳教的洋人，還不能說是中國人避暑的地方呢。在那短短的十幾天，令人大有『人何寥落』之感。

以汾陽峪道河爲根據，我們曾向鄰近諸縣作了多次的旅行，計停留過八縣地方，爲太原，文水，汾陽，孝義，介休，靈石，霍縣，趙城，其中介休至趙城間三百餘里，因同蒲鐵路正在炸山興築，公路多段被毀，故大半竟至徒步，滋味尤爲濃厚。　餐風宿雨，兩週間艱苦簡陋的生活，與尋常都市相較，至少有兩世紀的分別。　我們所參詣的古構，不下三四十處，元明遺物，隨地遇見，現在僅擇要紀述。

汾陽縣　峪道河　龍天廟

在我們住處，峪道河的兩壁山巖上，有幾處小小廟宇。　東巖上的實際寺，以風景幽勝著名。神頭的龍王廟，因馬跑泉享受了千年的烟火，正殿前有拓黑了的宋碑，爲這年代的保證，這碑也就是這廟裏惟一的『古物』　西巖上南頭有一座關帝廟，幾經修建，式樣混雜，別有趣味。　北頭一座龍天廟，雖然在年代或結構上並無可以驚人之處，但秀整不俗，我們却可以當它作山西南部小廟宇的代表作品。

龍天廟在西巖上，廟南向，其東邊立面，廂廡後背，鐘樓及圍牆，成一長線剪影，隔溪居高臨下，隱約白楊間。在斜陽掩映之中，最能引起沿溪行人的興趣。山西廟宇的遠景，無論大小都有兩個特徵；一是立體的組織，權衡俊美，各部參差，高下大小，相依附，從任何觀點望去，均恰到好處；一是在山西磚築或石砌物，斑彩淳和，多帶紅黃色，在日光裏與山岡原野同醉，濃艷奪人，尤其是在夕陽西下時，磚石如染，遠近殷紅，映照綺麗特甚。在這兩點上，龍天廟亦非例外。谷中外人三十年來不識其名，但據這種印象，稱這廟做『落日廟』，並非無因的。

廟週圍土坡上下有盤旋小路，坡孤立如島，遠距村落人家。廟前本有一片松柏，現時只剩一老松，孤傲聳立，緘默如同守衛將士。廟門鎖日閉鎖，少有開時，苟遇一老人耕作門外，則可暫借銹鑰，隨意出入。本來這一帶地方多是道不拾遺，夜不閉戶的，所謂鎖鑰，亦只餘一條鐵釘及一種形式上的保管手續而已。這現象竟亦可代表山西內地其他許多大小廟宇的保管情形。

廟中空無一人，蔓草晚照，伴着殿廡石級，靜穆神秘，如在畫中。兩廂爲『窰』，上平頂，有磚級可登。天晴日美時，週圍風景全可入覽。此帶山勢和緩，平趨連接汾河東西區域，遠望綿山峯巒，竟似天外烟霞，但傍晚時，默立高處，實不竟古原夕陽之感。近山各處，全是赤土山級，層層平削，像是出自人工；農民多闢洞「穴居」，耕種其上。麥黍赤土，紅綠相間成橫層，每級土崖上所闢各穴，遠望似平列橋洞，景物自成一種特殊風趣。沿溪白楊叢中，點綴土築平屋小院及磨坊，更錯落可愛。

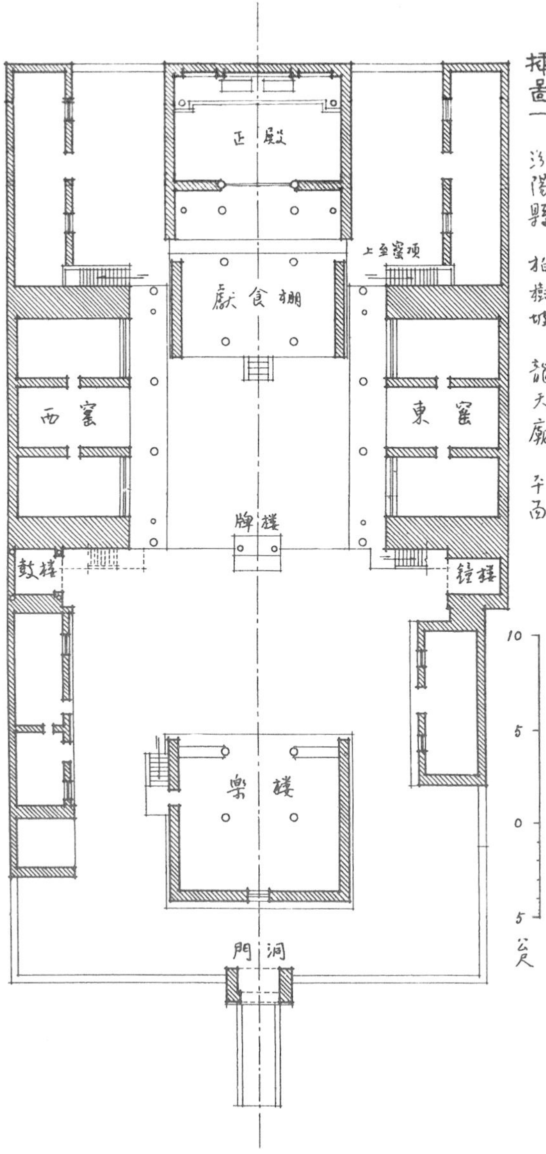

插圖一 汾陽縣柏樹坡龍天廟平面

龍天廟的平面布置（插圖一）南北中線甚長，南面圍牆上闢山門。門內無照壁，卻爲戲樓背面。山西中部南部我們所見的廟宇多附屬戲樓，在平面布置上沒有向外伸出的舞台。樓下部爲實心基壇，上部三面牆壁，一面開敞，向着正殿，卽爲戲台。台正中有山柱一列，預備挂上幃幕可分成前後台。樓左闢門，有石級十餘可上下。在龍天廟裏，這座戲樓正堵截山門入口處成一大照壁。

轉過戲樓，院落甚深，樓之北，左右爲鐘鼓樓，中間有小小牌樓，庭院在此也高起兩三級，劃入正院。院北爲正殿，左右廂房爲磚砌窰屋各三間，前有廊簷，旁有磚級，可登屋頂。山西鄉間穴居仍盛行，民居喜砌磚爲窰（卽劵洞），廟宇兩廂亦多砌窰以供僧侶居住。窰頂平台均可從窰外梯級上下。此點酷似墨西哥紅印人之疊層土屋，有立體堆壘組織之美。鐘鼓樓也以發劵的窰爲下層台基，上立木造方亭，台基外亦設磚級，依附基牆，可登方亭。全建築物以磚造部分爲主，與他省木架鐘鼓樓異其風趣。

正殿前廊外尙有一座開敞的過廳，緊接廊前，稱『獻食棚』。這個結構實是一座捲棚式過廊，兩山有牆而前後簷柱間開敞，沒有裝修及牆壁。它的功用則在名義上已很明瞭，不用贅釋了。在別省稱祭堂或前殿的，與正殿都有相當的距離，而且不是開敞的，這獻食棚實是祭堂的另一種有趣的做法。

龍天廟裏的主要建築物爲正殿。殿三間，前出廊，內供龍天及夫人像。按廊下淸乾隆十二年碑說：

龍天者，介休令賈侯也。公諱渾，晉惠帝永興元年，劉元海……攻陷介休，公……死而守節，不愧靑天。後人……故建廟崇祀，……像神立祠，蓋自此始矣。……

這座小小正殿『前廊後無廊』本爲山西常見的做法，前廊簷下用碩大的斗栱，後簷却用極小，乃至不用，斗栱將前後不均齊的配置完全表現在外面，是河北省所不經見的，尤其是在旁面看其所呈現象，頗爲奇特。

至於這殿，按乾隆十二年『重增修龍天廟碑記』說：

按正殿上樑所誌係元季丁亥（元順帝至正七年公元一三四七）重建。正殿三小間，獻食棚一間，東西廈窰二眼，殿旁兩小房二間，樂樓三間。……鳩工改修，計正殿三大間，獻食棚三間，東西窰六眼，殿旁東西房六間，大門洞一座……零餘銀備異日牌樓鐘鼓樓之費。

……

所以我們知道龍天廟的建築雖然曾經重建於元季，但是現在所見，竟全是乾嘉增修的新構。

殿的構架，由大木上說，是懸山造，因爲各檩頭皆伸出到柱中線以外甚遠，但是由外表上看，却似硬山造，因爲山牆不在山柱中線上，而向外移出，以封護檩頭。這種做法亦爲淸代官式建築所無。

這殿前簷的斗栱圖版壹(乙)，欂衡甚大，斗栱之高，約及柱高之四分之一；斗栱之布置亦極疎朗，當心間用補間鋪作一朵，次間不用。 當心間左右兩柱頭並補間鋪作均用四十五度斜栱。柱身微有卷殺；闌額爲月梁式；普拍枋寬過闌額。 這許多特徵在河北省內惟在宋元以前建築乃得見；但在山西明末清初比比皆是，但細查各栱頭的雕飾圖版壹(丙)，則光怪陸離，絕無古代沈靜的氣味；兩平柱上的丁頭栱清稱雀替且刻成龍頭象頭等形狀。

殿內梁架所用梁的斷面，亦較小於清代官式的規定，且所用駝峯，替木，叉手，等等結構部分，都保留下古代的作法，而在清式中所不見的。

全殿最古的部分　是正殿匾牌　圖版壹(丁)，匾文說：

施碑人當里四鄉〇〇〇任〇〇男任智孫男任選 任達
不敢〇〇〇〇〇周橋且邑張元景

龍　天　廟

至元二年三月十二日剏建　太正〇〇〇
大木都料汾陽〇從識男〇忠 〇成

這牌的牌首，牌帶，牌舌，皆極奇特，與古今定制都不同，不知是否原物，雖然牌面的年代是確無可疑的。

汾陽縣 大相村 崇勝寺

由太原至汾陽公路上，將到汾陽時，便可望見路東南百餘公尺處，聳起一座龐大的殿宇，出簷深遠，四角用磚築立柱支着，引人注意。　由大殿之東進村之北門，沿寺東牆外南行頗遠，始到寺門。　寺規模宏敞，連山門一共六進。　山門之內爲天王門，天王門內左右爲鐘鼓樓，後爲天王殿，天王殿之後爲前殿，正殿（毘盧殿）及後殿（七佛殿）。　除去第一進院之外，每院都有左右廂，在平面布置上，完全是明淸以後的式樣，而在構架上則差不多各進都有不同的特徵，明初至淸末各種的式樣都有代表『列席』。　在建築本身以外，正殿廊前放着一造像碑，爲北齊天保三年物。

天王殿正中弘治元年公元一四八八碑說：

大相里橫枕卜山之下……古來舍刹，稽自大齊天保三年，公元五五二，大元延祐四年公元一三一七，……奉勅建立後殿，增飾慈尊，額題崇勝禪寺，於是而漸成規模……大明宣德庚戌五年公元一四三〇，功豎中殿，廊廡翼如；週植樹千本。……大明成化乙未十一年公元一四七五，……構造天王殿，伽藍宇祠，堂室俱備。……

按現在情形看天王殿與中殿之間尚有前殿，天王殿前尚有鐘樓鼓樓，爲碑文中所未及。　而所「植樹千本」則一根也不存在了。

山門三間，最平淡無奇；簷下用一斗三升斗栱，權衡甚小，但布置尚疏朗。

天王門三間，左右挾以斜照壁及掖門圖版貳(甲)。　斗栱權衡頗大，布置亦疏朗，每間用補間鋪作二朶，角柱微生起，乍看確有古風。　但是各栱昂頭上過甚的雕飾圖版貳(乙)立刻表示其較晚的年代。　天王門內部梁架都用月梁。　但因前後廊子均異常的淺隘，故前後簷部斗栱的布置都有特別的結構，成爲一個有趣的斷面；前面用兩列斗栱，高下不同，上下亦不相列圖版貳(丙)，後簷却用垂蓮柱圖版貳(丁)，使簷部伸出牆外。

鐘鼓樓天王門之後，左右爲鐘鼓樓，其中鐘樓結構精巧，前有抱廈，頂用十字脊，山花向前，甚爲奇特圖版貳(戊)。

天王殿五間圖版叁(甲)，即成化十一年所建，弘治元年碑就立在殿之正中；天王像四尊，坐在東西梢間內。　斗栱頗大，當心間用補間鋪作兩朶，次梢間用一朶，雄壯有古風。

前殿五間圖版叁(乙)，大概是崇勝寺最新的建築物，斗栱用品字式，上交托角替，墊栱板前羅列着全副博古雕工，精細異常，不惟是太瑣碎了，而且是違反一切好建築上結構及雕飾兩方面的常矩的圖叁(丙)。

前殿的東西配殿各三間，亦有幾處值得注意之點。在橫斷面上前後是不均齊的；如峪道河龍天廟正殿一樣，『前廊後無廊』，而前廊用極大的斗栱，後廊用小斗栱，使側面呈不均齊象。斗栱布置圖版叁(丁)亦疏朗，每間用補間鋪作一朵。出跳雖只一跳，在昂下及泥道栱下，却用替木式的短栱實拍承托，如大同華嚴寺海會殿及應縣木塔頂層所見；但在此短栱栱頭，又以極薄小之翼形栱相交，都是他處所未見。最奇特的乃在闌額與柱頭的聯接法，將闌額兩端斫去一部，使額之上部托在柱頭之上，下部與柱相交，是以一構材而兼闌額及普拍枋兩者的功用的。闌額之下，托以較小的枋，長盡梢間，而在當心間揷出柱頭作角替，也許是營造法式卷五所謂『綽幕方』一類的東西。

正殿(毘盧殿 圖版肆(甲)) 大概是崇勝寺內最古的結構，明弘治元年碑所載建於宣德庚戌五年公元一三四〇的中殿，卽指此。殿是硬山造，『前廊後無廊』，前簷用碩大的斗栱，前後亦不均齊。斗栱布置圖版肆(乙)每間只用補間鋪作一朵。前後各出兩跳，單抄單下昂，重栱造，昂尾斜上，以承上一縫槫圖版肆(丙)。當心間補間鋪作用四十五度斜栱。闌額甚小，上有很寬的普拍枋，一切尚如古制。當心間兩柱，八角形，這種柱常見於六朝隋唐的磚塔及石刻，但用木的，這是我們所得見惟一的例。簷出頗遠，但只用椽而無飛椽，在這種大的建築物上還是初見。

前廊西端立北齊天保三年任敬志等造像碑圖版肆(丁)，碑陽造像兩層，各刻一佛二菩薩，額亦刻佛一尊。上層龕左右刻天王，略像龍門兩大天王。座下刻獅子二。碑頭刻蟠龍，都是極品，底下刻字則更勁古可愛。可惜佛面已毀，碑陰字跡亦見剝落了。清初顧亭林到汾訪此碑，見先生金石文字記。

最後爲七佛殿七間，是寺內最大的建築物，在公路上可以望見圖版伍(甲)。按明萬曆二十年增修崇勝寺記碑，乃『以萬曆十二年動工，至二十年落成。』無疑的這座晚明結構已替換了「大元元祐四年」的原建。在全部權衡上，這座明建尚保存着許多古代的美德，例如斗栱疎朗，出簷深遠，尚表現一些雄壯氣概。但各部本身，則盡雕飾之能事。外簷斗栱圖版伍(乙)上昂嘴特多彎曲，已甚耍頭上雕飾細巧；替木兩端的花紋盤纏；闌額下更有龍形的角替，且金柱內額上斗栱坐斗之剔空花圖版伍(丙)，竟將荷載之集中點(主要的建築部分)作成脆弱的纖巧的花樣；匠人弄巧，害及好建築，以至如此，實令人悵然。雖然在雕工上看來，這些都是精妙絕倫的技藝，可惜太不得其道，以建築物作賣技之場，結果因小失大，這巍峨大殿在美術上竟要永遠蒙耻低頭。

七佛殿格扇上花心，精巧異常，爲一種菱花與毬紋混合的花樣，在裝飾圖案上實是登峯造極的圖版伍(丁)。殿頂的脊飾，是山西所常見的普通做法圖版伍(戊)。

汾陽縣 杏花村 國寧寺

杏花村是做汾酒的古村，離汾陽甚近。 國寧寺大殿由公路上可以望見。 殿重簷，上簷簷椽毀損一部，露出撩簷枋及闌額，遠望似唐代刻畫中所見雙層額枋的建築，故引起我們絕大的興趣及希望，及到近前才知道是一片極大的寺址中僅剩的、一座極不規矩的正殿，前簷傾圮，簷檩暴落，竟給人以奢侈的誤會。 廊下乾隆二十八年碑說「勅賜於唐貞觀，重建於宋，歷修於明代。」 現存建築大約是明時重建的。

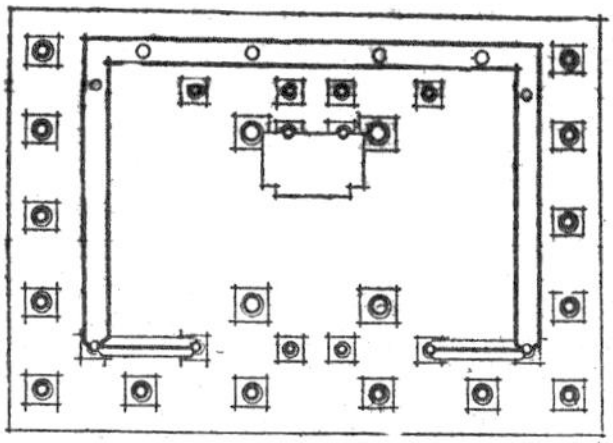
汾陽國寧寺 平面略圖

插圖二

在山西明代建築甚多，形形色色，式樣各異，斗栱布置或仍古制，或變換纖巧，陸離光怪，幾不若以建築規制論之。 大殿的平面布置幾成方形，插圖二，重簷金柱的分間，與外簷柱及內柱不相排列。 而在結構方面，此殿做法很奇特，內部梁架兩山將採步金梁經過複雜勾結的斗栱，放在順梁上，而採步金上又承托兩山順扒梁（或大昂尾）法式新異，未見於他處圖版陸（乙）。

至於下簷前面的斗栱圖版陸（甲），不安在柱頭上，致使柱上空虛，做法錯謬，大大違反結構原則，在老建築上是甚少有的。

文水縣　開柵鎮　聖母廟

開柵鎮並不在公路上，由大路東轉沿着山勢，微微向下曲折，因爲有溪流，有大樹，廟宇村巷全都隱藏，不易卽見。　廟門規模甚大，丹青剝落。　院內古樹合抱，濃蔭四佈，氣味嚴肅之極。　建築物除北首正殿南首樂樓，巍峨對峙外，尙有東西兩堂，皆南向與正殿並列，雅有古風；廊廡碑碣，鐘樓，偏院，給人以浪漫印象，較他廟爲深，尤其是因正殿屋頂歇山向前，玲瓏古制，如展看畫裏樓閣。

屋頂歇山山面向前，是宋代極普通的式制，在日本至今還用得很普偏，然在中國，由明以後，除去城角樓外，這種做法已不多見。　正定隆興寺摩尼殿，是這種做法的，且由其他結構部分看去，我們知道它是宋初物。　據我們所見過其他建築歇山向前的，共有元代廟宇兩處，均在正定。

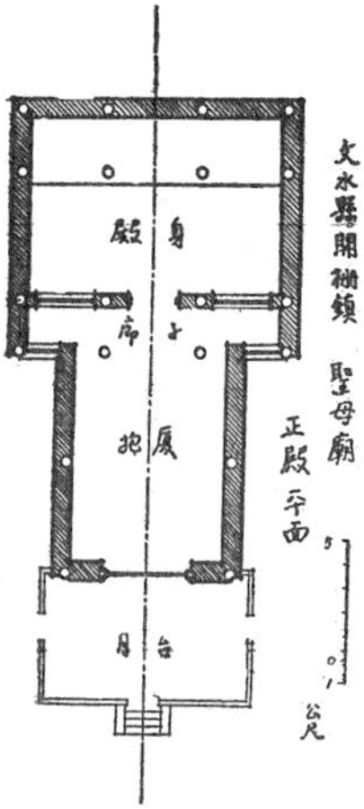

插圖三

此外卽在文水開柵鎮聖母廟正殿又得見之（圖版陸（丙））。

殿平面作凸字形（插圖三），後部爲正方形殿三間，屋頂懸山造；前有抱廈，進深與後部同，面闊則較之稍狹，屋頂歇山造，山面向前。

後部斗栱，單昂出一跳，抱厦則重昂出兩跳，布置極疎朗，補間僅一朶。 昂並沒有挑起的後尾，但斗栱在結構上還是有絕對的機能。 要頭之上，撐頭木伸出刻略如蕨葉雲頭，這可說是後來清式挑尖梁頭之開始。 前面歇山部分的構架，圖版陸(戊) 榑枋全承在斗栱之上，結構精密，堪稱上品。 正定陽和樓前關帝廟的構架和斗栱，與此多有相同的特徵。 但此處內部木料非常粗糙，呈簡陋印像。

抱厦正面驟見雖似三間，但實祇一間，有角柱而無平柱，而代之以欜柱，(或稱抱框)額枋是長同通面闊的。 額枋的用法正面與側面略異，亦是應注意之點，側面額枋之上用普拍枋，而正面則不用；正面額枋之高度，與側面額枋及普拍枋之總高度相同，這也是少見的做法。

至於這殿的年代，在正面梢間壁上有元至元二十年 公元一二八三 嵌石，刻文說：

「夫廟者元近西溪，未知何代，……後於此方要修其廟，……梁書萬歲大漢之時，天會十年季春之月，……今者石匠張瑩嗟歲月之彌深，覩棟梁之抽換，……恐後無聞，發願刻碑。……」

刻石如是。 由形制上看來，殿宇必建於明以前，且因與正定關帝廟相同之點甚多，當可斷定其爲元代物。

聖母廟在平面布置上有一特殊值得注意之點。 在正殿之東西，各有殿三間，南向，與正殿並列，尙存魏晉六朝東西堂之制。關於此點，劉敦楨先生在本刊五卷二期已申論得很淸楚，不必在此贅述了。

文水縣　文廟

文水縣，縣城週整，文廟建築亦宏大出人意外。院正中泮池，兩邊廊廡，碑石欄杆，圍襯大成門及後殿壯麗較之都邑文廟有過無不及；但建築本身分析起來，頗多弱點，僅爲山西中部淸以後處有其表的代表作之一種。廟裏最古的碑記，有宋元符三年的縣學進士碑，元明歷代重修碑也不少。就形制看來，現存殿宇大概都是淸以後所重建。

正殿（圖版柒（甲）），開間狹而柱高，外觀似欠舒適。柱頭上用闌額和由額，二者之間用由額墊板，間以「荷葉墩」。闌額之上又用肥厚的普拍枋（圖版柒（乙））。這四層構材本來闌額爲主，其他爲輔，但此處則全一樣大小，使賓主不分，極不合結構原則。斗栱不甚大，每間只用補間鋪作一朶。坐斗下面托以「皿板」，刻作古玩座形，當亦是當地匠人纖細弄巧做法之一種表現。斗栱外出兩跳華栱，無昂，但後尾却有挑杆，大概是由要頭及撐頭木引上。兩山柱頭鋪作承托順扒梁外端，內端坦然放在大梁上，却倒率直（圖版柒（丙））。

戟門三間，大略與大成殿同時。斗栱前出兩跳，單抄單下昂，正心用重栱，第一跳單栱上施替木承羅漢枋，第二跳不用栱，跳頭直接承托替木以承挑簷枋及簷桁，也是少見的做法。轉角鋪作，不用由昂也不用角神或寶瓶，只用多跳的實拍栱（或鞾楔），層層伸出以承角梁，這做法不止新穎，且較其他常見的尚爲合理圖版柒（丁）。

汾陽縣　小相村　靈巖寺

小相村與大相村一樣在汾陽文水之間的公路旁，但大相村在路東，而小相村却在路西，且離汾陽亦較遠。靈巖寺在山坡上，遠在村後，一塔秀挺，樓閣巍然，殿瓦琉璃，輝映閃爍夕陽中，望去易知爲明清物，但景物婉麗可人，不容過路人棄置不採。

離開公路，沿土路行可四五里，達村前門樓。樓跨土城上，底下圓券洞門，一如其他山西所見村落。村內一路貫全村前後，雨後泥濘崎嶇，難同入蜀，愈行愈遠，愈覺靈巖寺之遠，始悟汾陽一帶平原，樓閣遠望轉近，不易用印象來計算距離的。及到寺前，殘破中雖僅存山門券洞，但寺址之大，一望而知。

進門只見瓦爍土邱，滿目荒涼，中間天王殿遺址，隆起如塚，氣象堂皇。道中所見磚塔及重樓，尙落後甚遠，更進又一土邱，當爲原來前殿——中間露天趺坐兩鐵佛，中挾一無像大蓮座；斜陽一瞥，奇趣動人，行人倦旅至此，幾頓生妙悟，進入新境。　再後當爲正殿址圖版捌(甲)，背景裏樓塔愈迫近，更有鐵佛三尊，趺坐慈靜如前，東首一尊且低頭前傴，現憫惻垂注之情圖版捌(乙)。　此時遠山晚晴，天空如宇，兩址反不殿而殿，嚴肅麗都，不藉梁棟丹青，朝拜者亦更沈默虔敬，不由自主了。

鐵像有明正德年號，鑄工極精，前殿正中一尊已傾欹坐地下，半埋入土，塑工清秀，在明代佛像中可稱上品圖版捌(丙)。

靈巖寺各殿本皆發券窰洞建築，磚砌券洞繁複相接，如古羅馬遺建，由斷牆土邱上邊下望，正殿偏西殘窰多眼尙存。　更像隧道密室相關連，有陰森之氣，微覺可怕，中間多停棺柩，外砌磚槨，印象亦略如羅馬石棺，在木造建築的中國裏探訪遺蹟，極少有此經驗的。　券洞中一處，尙存券底畫壁圖版捌(丁)，顏色鮮好，畫工精美，當爲明代遺物。

磚塔在正殿之後，建於明嘉靖二十八年。　這塔可作晉冀兩省一種晚明磚塔的代表。

磚塔之後，有磚砌小城，由旁面小門入方城內，別有天地，樓閣廊舍，尙極完整，但闃無人聲，院內荒蕪，野草叢生，幽靜如夢；與「城」以外的堂皇殘址，露坐鐵佛，風味迴殊。

這院內左右配殿各窰五眼，窰築鞏固，背面向外，卽爲所見小城牆。　殿中各餘明刻木像一尊。北面有基窰七眼，上建樓殿七大間圖版玖(乙)，即遠望巍然有琉璃瓦者。兩旁更有簃樓，石級露臺曲折，可從窰外登小閣，轉入正樓。夕陽落漠，淡影隨人轉移，處處是詩情畫趣，一時記憶幾不及於建築結構形狀。

下樓徘徊在東西配殿廊下看讀碑文，在荆棘擁護之中，得朱之俊崇禎年間碑，碑文敘述水陸樓的建造原始甚詳。

朱之俊自述「夜宿寺中，俄夢散步院落，仰視左右，有樓翼然，赫輝壯觀，若新成形……覺而異焉，質明舉似曾門師，師爲余言水陸閣像，頗與夢合。余因徵水陸緣起，慨然首事……」各處尚存碑碣多座，敘述寺已往的盛史。惟有現在破爛的情形，及其原因，在碑上是找不出來的。

正在留戀中，老村人好事進來，打斷我們的沉思，開始問答，告訴我們這寺最後的一頁慘史。據說是光緒二十六年替換村長時，新舊兩長各豎一幟，慫恿村人械鬥，將寺折毀。數日間竟成一片瓦礫之塲，觸目傷心；現在全寺只餘此一院樓廂，及院外一塔而已。

孝義縣 吳屯村 東嶽廟

由汾陽出發南行，本來可僱教會汽車到介休，由介休改乘公共汽車到霍州趙城等縣。但大雨之後，道路泥濘，且同蒲路正在炸山築路，公共汽車道多段已拆毀，不能通行，沿途跋涉露宿，大部竟以徒步得達。

我們曾因道阻留於孝義城外吳屯村，夜宿村東門東嶽廟正殿廊下；廟本甚小，僅餘一院一殿，正殿結構奇特，屋頂的繁複做法，是我們在山西所見的廟宇中最已甚的。小殿向着東門，在田野中間鎮座，好像鄉間新娘滿頭花鈿，正要回門的神氣。

廟院平鋪磚塊，墳築甚高，圍牆矮短如欄杆，因牆外地窪，用不着高牆圍護；三面風景，一面城樓，地方亦極別緻。廟廂已作鄉間學校，但僅在日中授課，頑童日出即到，落暮始散。夜裏僅一老人看守，聞說日間亦是教員，薪金每年得二十金而已。

院略為方形，殿在院正中，平面則為正方形，前加淺隘的抱廈。兩旁有斜照壁，殿身屋頂是歇山造，抱廈亦然，但山面向前，與開柵聖母廟正殿極相似，但因前為抱廈，全頂呈繁亂狀，加以裝飾物，愈富縟不堪設想。這殿的斗栱甚為奇特，其全朵的權衡，為普通斗栱所不常有，因為橫栱—尤其是泥道栱及其慢栱—甚短，以致斗栱的輪廓聳峻，呈高瘦狀。殿深一間，用補間斗栱三朵。抱廈較殿身稍狹，用補間鋪作一朵，各層出四十五度斜昂。昂嘴纖弱，斵入頗深。各斗栱上的要頭，厚只及材之半，刻作霸王拳，劣匠弄巧的弊病，在在可見。

側面闌額之下，在柱頭外用角替而不用由額，這角替外一頭伸出柱外，托闌額頭下，方整無飾，這種做法無意中巧合力學原則，倒是罕貴的一例。簷部用椽子一層，並無飛椽，亦奇。但建造年月不易斷定。我們夜宿廊下，仰首靜觀簷底黑影，看凉月出沒雲底，星斗時現時隱，人工自然，悠然溶合入夢，滋味深長。

霍縣　太清觀

以上所記，除大相村崇勝寺規模宏大及聖母廟年代在明以前，結構適當外，其他建築都不甚重要。霍州縣城甚大，廟觀多且傀偉，登城樓上望眺，城外景物和城內嵯峨的殿宇對照，堪稱壯觀。以全城印像而論，我們所到各處當無能出霍州右者。

霍縣太清觀在北門內，志稱宋天聖二年，道人陶崇入建，元延祐三年道人陳泰師修。觀建於土邱之上，高出兩旁地面甚多，而且愈往後愈高，最後部庭院與城牆頂平，全部布局頗饒趣味。觀中現存建築，多明清以後物。惟有前殿（圖版玖（丁）），額曰『金闕玄元之殿』，最饒古趣。殿三間，懸山頂，立在很高的階基上；前有月臺，高如階基。斗栱雄大，重栱重昂造，當心間用補間鋪作兩朶，梢間用一朶。柱頭鋪作（圖版玖（戊））上的耍頭已成桃尖梁頭形式，但昂的寬度，却仍早制，未曾加大。想當是明初近乎官式的作品。這殿的簷部，也是不用飛椽的。最後一殿，歇山重簷造，由形制上看來，恐是清中葉以後新建。

霍縣　文廟

霍縣文廟，建於元至元間，現在大門內還存元碑四座。由結構上看來，大概有許多座殿宇，還是元代遺構。在平面布置上，自大成門左右一直到後面，四週都有廊廡，顯然是古代的制度。可惜現在全廟被劃分兩半，前半—大成殿以南—駐有軍隊，後半是一所小學校，前後並不通行，各分門戶，與我們視察上許多不便。

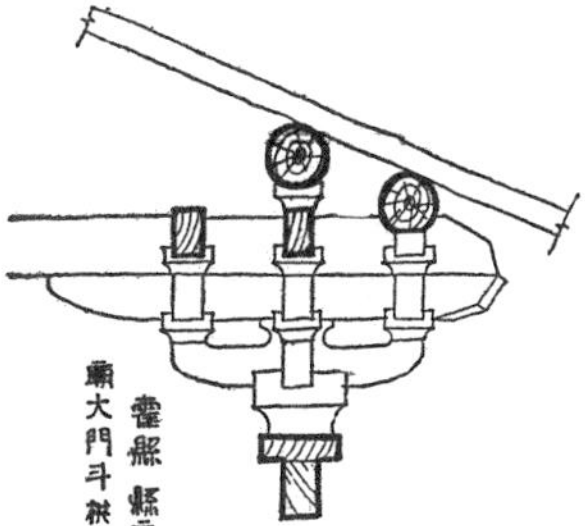

插圖四　霍縣縣文廟大門斗栱

前後各主要殿宇，在結構法上是一貫的。櫺星門以內，便是大成門（圖版拾（甲）），門三間，屋頂懸山造。柱瘦高而額細，全部權衡頗高，尤其是因爲柱之瘦長，頗類唐代壁畫中所常視的現象。斗栱簡單，（插圖四及圖版拾（乙）），單抄四鋪作，令栱上施替木以承橑檐槫。華栱之上施耍頭，與令栱及慢栱相交，耍頭後尾作楷頭，承托在梁下；梁頭也伸出到楷頭之上，至爲妥當合理。斗栱布置疏朗，每間祗用補間鋪作一朵，放在細長的闌額及其厚闊的普柏枋上。 普柏枋出柱頭處抹角斜割，與他處所見元代遺物刻海棠卷瓣者略同。 中柱上亦用簡單的斗栱，華栱上一材，前後出楷頭以承大梁。 左右兩中柱間用柱頭枋一材在慢栱上相聯絡；這柱頭枋在左右中柱上向梢間出頭作螞蚱頭，並不通排山。 大成門梁架用材輕爽經濟，將本身的重量減輕，是極妥善的做法。 我們所見檐部只用圓椽，其上無飛檐椽的，這又是一例。

大成殿亦三間（圖版拾（丙）），規模並不大。 殿立在比例高聳的階基上，前有月臺；上用磚砌欄杆，（這矮的月臺上本是用不着的。） 殿頂歇山造。 全部權衡也是峻聳狀。 因柱子很高，故斗栱比例顯得很小。

斗栱（圖版拾（丁）），單下昂四鋪作，出一跳，昂頭施令栱以承橑檐槫及枋。 昂嘴瞓勢圓和，但轉角鋪作角昂及由昂則較爲纖長。 昂尾單獨一根（圖版拾（戊）），斜挑下平槫下，結構異常簡潔，也許稍嫌薄弱。 斗栱布置疎朗，每門只用補間鋪作一朵，三角形的墊栱版在這裏竟成扁長形狀。

歇山部分的構架，是用兩層的丁栿，將山部托住。 下層丁栿與闌額平，其上托斗栱。 上層丁栿外端托在外檐斗栱之上，內端在金柱上，上托山部構架。

霍縣　東福昌寺

祝聖寺原名東福昌寺，明萬曆間始改今名。唐貞觀四年，僧清宣奉敕建。元延祐四年，僧圓琳重建，後改爲霍山驛。明洪武十八年，仍建爲寺。現時因與西福昌寺關係，俗稱上寺下寺。就現存的建築看，大概還多是元代的遺物。

東福昌寺諸建築中最值得注意的，莫過於正殿。殿七楹，斗栱疎朗，尤其在昂嘴的斵勢上，富於元代的意味。殿頂結構，至爲奇特（圖版拾壹（甲））。乍見是歇山頂，但是殿本身屋頂與其下圍廊頂是不連續成一整片的，殿上蓋懸山頂，而在周圍廊上蓋一面坡頂（圍廊雖有轉角繞殿左右，但止及殿左右朶殿前面爲止）。上面懸山頂有它自己的勾滴，降一級將水洩到下面一面坡頂上。

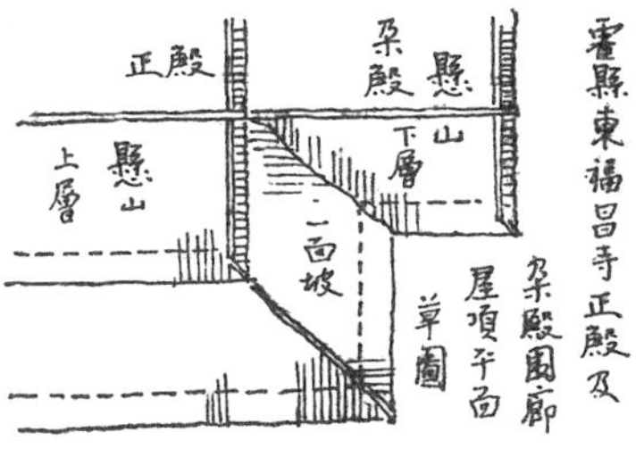

插圖五

漢代遺物中，瓦頂有這種兩坡做法，如高頤石闕及紐約博物館藏漢明器，便是兩個例，其中一個是四阿頂，一個是歇山頂。日本奈良法隆寺玉蟲廚子，也用同式的頂。這種古式的結構，不意在此得見其遺制，是我們所極高興的。關於這種屋頂，已在本刊五卷二期漢代建築式樣與裝飾一文中詳論，不必在此贅述。

在正殿左右爲朶殿，這朶殿與正殿殿身，正殿圍廊，三部屋頂連接的結構法（圖版拾壹（乙），插圖五），至爲妥善。在清式建築中，已不見這種智巧靈活的做法，官式規制更守住呆板辦法，删除特種變化的結構，殊可惜。

正殿階基頗高，前有月臺，階基及月臺角石上，均刻蟠龍，如營造法式石作之制；此例彫飾曾見於應縣佛宮寺塔月臺角石上。可見此處建築規制必早在遼明以前。

後殿由形制上看，大概與正殿同時，當心間補間鋪作用斜栱斜昂，如大同善化寺金建三聖殿所見。

後殿前庭院正中，尙有唐代經幢一柱存在，經幢之旁，有北魏造象殘石，用磚龕砌護圖版拾壹(丙)。石原爲五像，彌勒(？)正中坐，左右各二菩薩挾侍，惜殘破不堪，左面二菩薩且已缺毀不存。彌勒垂足交脛坐，與雲崗初期作品同，衣紋體態無一非北魏初期的表徵，古拙可喜。

霍縣　西福昌寺

西福昌寺與東福昌寺在城內大街上，東西相稱。按霍州志，貞觀四年敕尉遲恭監造。初名普濟寺。太宗以破宋老生於此，貞觀三年設建寺以樹福田，濟營魄。乃命虞世南，李百藥，褚遂良，顏師古，岑文本，許敬宗，朱子奢等爲碑文。可惜現時許多碑石，一件也沒有存在的了。

現在正殿五間圖版拾壹(丁)。左右朵殿三間，當屬元明遺構。殿廊下金泰和二年碑，則稱寺創自太平興國三年。 前廊檐柱尚有宋式覆盆柱礎。 前殿三間歇山造，形制較古，門上用兩門簪，也是遼宋之制。 殿內塑像，頗似大同善化寺諸像。 惜過遊時天色已晚，細雨不輟，未得攝影。 但在殿中模索，燃火在什物塵垢之中，瞻望佛容而已。 全寺地勢前低後高。 庭院層層高起，亦如太清觀，但跨院舊址尚廣，斷牆倒壁，老樹荒草中，雜以民居，破落已極。

霍縣 火星聖母廟

火星聖母廟在縣北門內。 這廟並不古，卻頗有幾處値得注意之點。 在大門之內，左右廂房各三間，當心間支出垂花雨罩，新穎可愛，足供新設計參考採用（圖版拾貳（甲））。 正殿及獻食棚屋頂的結構，各部相互間的聯絡，在複雜中倒合理有趣。 在平面的布置上，正殿三間，左右朵殿各一間，正殿前有廊三間，廊前爲正方形獻食棚，左右廊子各一間（圖版拾貳

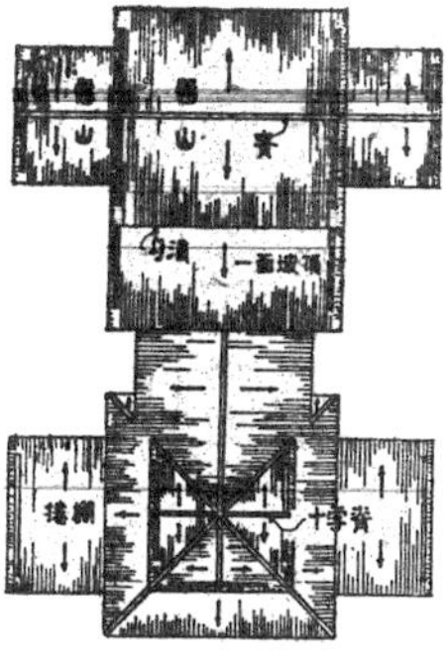

霍縣火星聖母廟屋頂平面

插圖六

(乙) 這多數相連絡殿廊的屋頂插圖六；正殿及朵殿懸山造，殿廊一面坡頂，較正殿頂低一級，略如東福昌寺大殿的做法。 獻食棚頂用十字脊，正面及左右歇山，後面脊延長，與一面坡相交；左右廊子則用捲棚懸山頂。 全部聯絡法至爲靈巧，非北平官式建築物屋頂所能有。

獻食棚前琉璃獅子一對圖版拾貳(丙)，塑工至精，紋路秀麗，神氣生猛，堪稱上品。

東廊下明清碑碣及嵌石頗多。

霍縣　縣政府大堂

在霍縣縣政府的大堂的結構上，我們得見到滑稽絕倫的建築獨例。 大堂前有抱廈，面闊三間。 當心間闊而梢間梢狹，四柱之上，以極小的闌額相聯絡，其上却托着一整根極大的普拍枋，將中國建築傳統的構材權衡完全顚倒。 這還不足爲奇；最荒謬的是這大普拍枋之上，承托斗栱七朵，朵與朵間都是等距離，而沒有一朵是放在任何柱頭之上圖版拾貳(丁)，作者竟將斗栱在結構上之原義意，完全忘却，隨便位置。 斗栱位置不隨立柱安排，除此一例外，惟在以善於作中國式建築自命的慕菲氏所設計的南京金陵女子大學得又見之。

斗栱單昂四鋪作，令栱與耍頭相交，梁頭放在耍頭之上。 補間鋪作則將撐頭木伸出於耍頭之上，刻作蘤葉雲。 令栱兩散斗特大，兩旁有卷耳，略如 Ionic 柱頭形。 中部幾朶斗栱，大斗之下，用版塊墊起，但其作用與皿版並不相同。 闌額兩端刻卷草紋，花樣頗美。 柱礎寶裝蓮瓣覆盆，袛分八瓣，雕工精到（圖版拾貳（戊））。

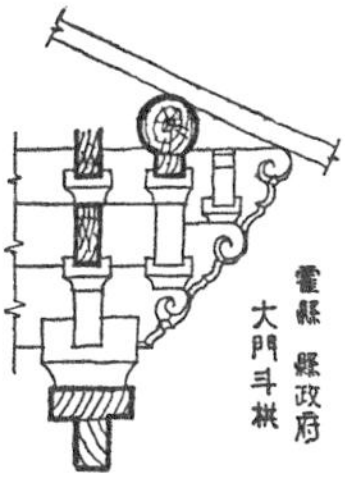

插圖七

據壁上嵌石；元大德九年（公元一三〇五），某宗室『自明遠郡（現地名待考）朝覲往返，霍郡適當其衝，慮郡廨隘陋』，所以增大重建。 至於現存建築物的做法及權衡，古今所無，年代殊難斷定。

縣府大門上斗栱（插圖七）華栱層層作卷瓣，也是違背常矩的做法。

霍縣　北門外橋及鐵牛

北門橋上的鐵牛，算是霍州一景，其實牛很平常。橋上欄杆則在建築師的眼中，不但可算一景，簡直可稱一齣喜劇。

橋五孔，是北方所常見的石橋，本無足怪（圖版拾叁（甲））。 少見的是橋欄杆的雕刻，尤以望柱爲甚。 欄版的花紋各個不同，或用蓮花，如意，萬字，鐘，鼓等等紋樣，刻工雖不精，而布置尙可，可稱粗枝大葉的石刻。至於望柱柱頭上的雕飾，則動植物，博古，幾何形，無所不有，個個不同，沒有重複，其中如猴子，人手，鼓，瓶，佛手，仙桃，葫蘆，十六角形塊，以及許多無名的怪形體，粗糙臃列，如同兒戲，無一不足令人發笑（圖版拾叁（乙））。

至於鐵牛（圖版拾叁（丙）），與我們曾見過無數的明代鐵牛一樣，笨蠢無生氣，雖然相傳爲尉遲恭鑄造以制河保城的。牛日夜爲村童騎坐撫摸，古色光潤，自是當地一寶。

趙城縣 侯村 女媧廟

由趙城縣城上霍山，離城八里，路過侯村，離村三四里，已看見巍然高起的殿宇。女媧廟，志稱唐構，訪謁時我們固是抱着很大的希望的。

廟的平面，地面深廣，以正殿—媧皇殿—爲中心，四周爲廊屋，南面廊屋中部爲二門，二門之外，左右仍爲廊屋，南面爲牆，正中闢山門，這樣將廟分爲內外兩院。內院正殿居中，外院則有碑亭兩座，東西對立，印象宏大。這種是比較少見的平面布置。

按廟內宋開寶六年碑：『乃於平陽故都，得女媧原廟重修，……南北百丈，東西九筵；霧罩檐楹，香飛戶牖，……』但志稱天寶六年重修，也許是開寶六年之誤。次古的有元至元十四年重修碑，此外明清兩代重修或祀祭的碑碣無數。

現存的正殿五間圖版拾叁（丁），重檐歇山，額曰媧皇殿柱高瘦而斗栱不甚大。上檐斗栱圖版拾肆（甲），重栱雙下昂造，每間用補間鋪作一朵；下檐單下昂無補間鋪作。就上檐斗栱看，柱頭鋪作的下昂較補間鋪作者稍寬，其上有頗大的梁頭伸出，略具『桃尖』之形，下檐亦有梁頭，但較小。就這點上看來，這殿的年代，恐不能早過元末明初。現在正脊桁下且尚大書崇禎年間重修的字樣。

柱頭間聯絡的闌額甚細小，上承寬厚的普拍方。歇山部分的梁架，也似汾陽國寧寺所見，用斗栱在順梁（或額）上承托採步金梁，因順梁大小只同闌額，頗呈脆弱之狀圖版拾肆（乙）。這殿的綵畫，尤其是內檐的，尚富古風，頗有營造法式綵畫的意味圖版同上。殿門上鐵鑄門鈸圖版拾肆（丙），門釘，鑄工極精俊。

二門內偏東宋石經幢，全部權衡雖不算十分優美，但是各部的浮雕精絕圖版拾肆（丁），如圖版裏下段（爲須彌座之上枋）的佛蹟圖，正中刻城門，甚似燉煌壁畫中所繪，左右圖『太子』所見。中段覆盤，八面各刻獅象。上段仰蓮座，各瓣均有精美花紋，其上刻花蕊。除大相村天保造像外，這經幢當爲此行所見石刻中之最上妙品。

趙城縣　廣勝寺下寺

一年多以前，趙城宋版藏經之發現，轟動了學術界，廣勝寺之名，已傳徧全國了。國人只知藏經之可貴，而不知廣勝寺建築之珍奇。

廣勝寺距趙城縣城東南約四十里，據霍山南端。寺分上下兩院，俗稱『上寺』『下寺』。上寺在山上，下寺在山麓，相距里許，（但是照當地鄉人的說法，却是上山五里，下山一里。）

由趙城縣出發，約經二十里平原，地勢始漸高，此二十里雖說是平原但多黏土平頭小岡，路陷赤土谷中，蜿蜒出入，左右只見土崖及其上麥黍，頭上一線藍天，炎日當頂，極乏趣味。後二十里積漸坡斜，直上高岡，盤繞上下，既可前望山巒屏嶂，俯瞰田隴農舍，乃又穿行幾處山莊村落，中間小廟城樓，街巷里井，均極幽雅有畫意：樹亦漸多漸茂，古幹有合抱的，底下必供着樹神，留着香火的痕蹟。山中甘泉至此已成溪，所經地域，婦人童子多在濯菜浣衣，利用天然。泉清如琉璃，常可見底，見之使人頓覺清涼，風景是越前進越嫵媚可愛。

但快到廣勝寺時，却又走到一片平原上，這平原浩蕩遼闊，乃是最高一座山脚的乾河牀，滿地石片，幾乎不毛，不過霍山如屏，晚照斜陽，早已在望，氣象反開朗宏壯，現出北方風景的性格來。因爲我們向着正東，恰好對着廣勝寺前行，可看其上下兩院殿宇，及寶塔，附依着山側，在夕陽煊染中閃爍輝映直至日落。 寺由山下望着雖近，我們却在暮靄中兼程一時許，至人困騾乏，始趕到下寺門前。

下寺據在山坡上，前低後高，規模幷不甚大。 前爲山門三間，由兜峻的甬道可上。 山門之內爲前院，又上而達前殿。 前殿五間，左右有鐘鼓樓，緊貼在山牆上，樓下券洞可通行，卽爲前殿之左右掖門 圖版拾伍（丙）。 前殿之後爲後院，正殿七間居後面正中，左右有東西配殿。

・山門・ 山門外觀奇特，最饒古趣 圖版拾伍（甲）。 屋蓋歇山造，柱高出檐遠，主檐之下前後各有「垂花雨搭」懸出檐柱以外 圖版拾伍（乙），故前後面爲重檐，側面爲單檐。 主檐斗栱單抄單下昂造，重栱五鋪作，外出兩跳。 下昂並不挑起。 但側面小柱上則用雙抄。 泥道重栱之上只施柱頭枋一層，其上並無壓槽枋。 外第一跳重栱，第二跳令栱之上施替木以承挑檐榑。 耍頭斫作螞蚱頭形，斜面微顱，如大同各寺所見。

雨搭由檐柱挑出懸柱，上施闌額，普拍枋，其上斗栱單抄四鋪作單栱造。 懸柱下端截齊，並無雕飾。

殿身檐柱甚高，闌額纖細，普拍枋寬大，闌額出頭斫作螞蚱頭形。 普拍枋則斜抹角。 內部中柱上用斗栱，承托六椽栿下，前後平椽縫下施替木及襻間。 脊榑及上平榑，均用蜀柱直接立於四椽栿上。 檐椽只一層，不施飛椽。

如山門這樣外表，尙爲我們初見；四椽栿上三蜀柱並立，可以省却一道平梁，也是少見的。

•前殿• 前殿五間，殿頂懸山造，殿之東西爲鐘鼓樓。 階基高出前院約三公尺，前有月臺；月臺左右爲蹉蹸甬道，通鐘鼓樓之下（圖版拾伍（丙））。

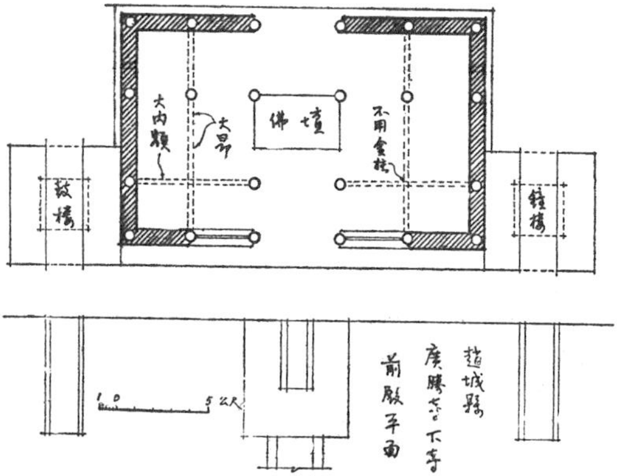

插圖八

前殿除當心間南面外，只有柱頭鋪作，而沒有補間鋪作。 斗栱（圖版拾伍（丁）），正心用泥道重栱，單昂出一跳，四鋪作，跳頭施令栱替木，以承橑檐槫，甚古簡。 令栱與梁頭相交，昂嘴顱勢甚彎。 後面不用補間鋪作，更爲簡潔（圖版拾陸（甲））。

在平面上，南面左右第二縫金柱地位上不用柱（插圖八），却用極大的內額，由內平柱直跨至山柱上，而將左右第二縫前後檐柱上的「乳栿」（？）尾特別伸長，斜向上挑起，中段放在上述內額之上，上端在平梁之下相接，承托着平梁之中部（圖版拾陸（乙）及（丙））。這與斗栱的用昂，在原則上是相同的，可以說是一根極大的昂。 廣勝寺上下兩院，都用與此相類的結構法。 這種構架，在我們歷年國內各地所見許多的遺物中，還

是第　個例。　尤其重要的，是因日本的古建築，尤其是飛鳥靈樂等初期的遺構，都是用極大的昂，結構法與此相類，這個實例乃大可佐證建築家早就懷疑的問題，這問題便是日本這種結構法，是直接承受中國宋以前建築規制，並非自創，而此種規制，在中國後代反倒失傳或罕見。　同時使我們相信廣勝寺各構，在建築遺物實例中的重要，遠超過於我們起初所想像的。

兩山梁架用材極為輕秀，為普通大建築物中所少見。　前後出檐飛子極短，博風版狹而長。正脊垂脊及吻獸均雕飾繁富。

殿北面門內供僧像一軀，顯然埃及風味，煞是可怪，（圖版拾陸（丁）。）

兩山牆外為鐘、鼓、樓，下有磚砌階基。　下為發券門道可以通行。　階基立小小方亭。　斗栱單昂，十字脊歇山頂。　就鐘鼓樓的位置論，這也不是一個常見的布置法。

殿內佛像頗笨拙，沒有特別精彩處。

正殿：　正殿七間居最後。　正中三間闢門，門左右有很高的直欞檻窗。　殿頂也是懸山造圖版拾柒（甲）。

斗栱　圖版拾柒（乙）五鋪作，重栱出兩跳，單抄單下昂，昂是明清所常見的假昂，乃將平置的華栱而加以昂嘴的。　斗栱只施於柱頭，不用補間鋪作。　令栱上施替木，以承撩檐槫。　泥道重栱之上，只施柱頭枋一層，其上相隔頗遠，方置壓槽枋。　論到用斗栱之簡潔，我們所見到的古建築，以這兩處爲最;雖然就斗栱與建築物本身的權衡比起來,並不算特別大,而且在昂嘴及普拍枋出頭處等詳部,似乎傾向較後的年代,但是就大體看,這寺的建築其古潔的確是超過現存所有中國古建築的。 這個倒底是後代承襲較早的遺制,還是原來古構已含了後代的幾個特徵,却甚難說。

正殿的梁架結構,與前殿大致相同。在平面上左右縫內柱與檐柱不對中(插圖九),所以左右第一二縫檐柱上的乳栿,皆將後尾翹起,搭在大內額上(圖版拾柒(丙)),但栿(或昂)尾只壓在四椽栿下,不似前殿之在平梁下正中相交。 四椽栿以上侏儒柱及平梁,均輕秀如前殿,這兩殿用材之經濟,雖尙未細測,只就肉眼觀察,較以前我們所看過的遼代建築尙過之。 若與官式清代梁架比,眞可算中國建築物中梁架輕重之兩極端,就比例上計算,這寺梁的橫斷面的面積,也許不

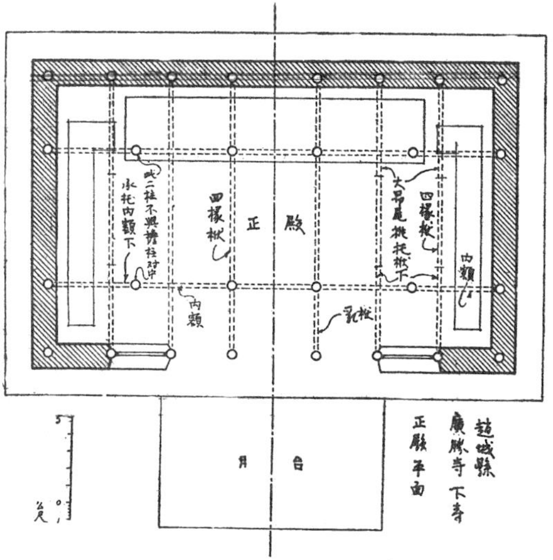

插圖九

到清式梁的橫斷面三分之一。

正殿佛像五尊，塑工精極，雖經過多次的重粧，還與大同華嚴寺薄伽教藏殿塑像多少相似。侍立諸菩薩尤爲俏麗有神，饒有唐風，佛容衣帶莊者莊，逸者逸，塑造技藝實臻絕頂 圖版拾柒（丁）。東西山牆下十八羅漢，並無特長，當非原物。

東山牆尖象眼壁上，尙有壁畫一小塊，圖像色澤皆美。　據說民十六寺僧將兩山壁畫賣與古玩商，以價款修葺殿宇，這雖是極不幸的事，但是據說當時殿宇傾頹，若不如此，便將殿畫同歸於盡，如果此語屬實，殿宇因此而存，壁畫雖流落異邦，但也算兩者均得其所。　惟恐此種計劃仍然是盜賣古物謀利的動機。　現在美國彭省大學博物院所陳列的一幅精美的稱爲「唐」的壁畫，與此甚似。　近又聞美國甘撒斯省立博物院，新近得壁畫，售者告以出處，即云此寺。

朶殿：　正殿之東西各有朶殿三間 圖版拾柒（戊）。　朶殿亦懸山造，柱瘦高，額細，普拍枋甚寬。斗栱四鋪作單下昂。　當心間用補間鋪作兩朶，稍間一朶。　全部與正殿前殿大致相似，當是同年代物。

趙城縣　廣勝寺上寺

上寺在霍山最南的低巒上。寺前的『琉璃寶塔』兀立山頭，由四五十里外望之，已極清晰。由下寺到上寺的路頗兜峻，盤石奇大，但石皮極平潤，坡上點綴着山松，風景如中國畫裏山水，近景常見的佈局。巒頂却是一個小小的高原，由此望下，可看下寺，鳥瞰全景；高原的南頭就是上寺山門所在。山門之內是空院，空院之北，與山門相對者爲垂花門。垂花門內在正中線上，立着『琉璃寶塔』。塔後爲前殿，著名的宋版藏經，就藏在這殿裏。前殿之後是個空敞的前院，左右爲廂房，北面爲正殿。正殿之後爲後殿，左右亦有兩廂。此外在山坡上尚有兩三處附屬的小屋子。

琉璃寶塔 亦稱飛虹塔 圖版拾捌（甲）。就平面的位置上說，塔立在垂花門之內，前殿之前的正中線上，本是唐制。塔平面作八角形，高十三級，塔身磚砌，飾以琉璃瓦的角柱，斗栱，簷瓦，佛象等等。最下層有木圍廊。這種做法，與熱河永庥寺舍利塔及北平香山靜宜園琉璃塔是一樣的。但這塔圍廊之上，南面尚出小抱厦一間，上交十字脊。

全部的權衡上看，這塔的收分特別的急速，最上層簷與最下層磚簷相較，其大小只及下者三分之一强。而且上下各層的塔簷輪廓成一直線，沒有卷殺(entasis)圓和之味。各層簷角也不翹起，全部朵板的直線，絕無尋常中國建築柔和的綫路。

塔之最下層供極大的釋迦坐像一尊，如應縣佛宮寺木塔之制。下層頂棚作穹窿式，飾以極繁細的琉璃斗栱。 塔內有級可登其結構法之奇特，在我們尙屬初見。 普通的磚塔內部，大半不可入，尤少可以攀登的。 這塔却是個較罕的例外。 塔內堦級每步高約六七十公分，寬約十餘公分，成一個約合六十度的兜峻的坡度。 這極高極狹的踏步每段到了終點，平常用「半樓板」Lanaing 的地方，却不用 lanaing，竟忽然停止，由這一段的最上一級，反身却可躉過空的 lanaing 攀住背面牆上又一段踏步的最下一級（插圖十）；在梯的兩旁牆上，留下小磚孔，可以容兩手攀扶及放燭火的地方。 走上這沒有半絲光線的峻梯的人，在戰慄之餘，不由得不嘖嘆設計者心思之巧妙。

插圖十

關於這塔的年代，相傳建於北周，我們除在形制上可以斷定其爲明淸規模外，在許多的琉璃上，我們得見正德十年的年號，所以現存塔身之型成年代很少可疑之點。 底層木廊正檩下，又有「天啟二年創建」字樣，就是廊子過大而不相稱的權衡看來，我們差不多可以斷定正德的原塔是沒有這廊子的。

雖然在建築的全部上看來，各種琉璃瓦飾用得繁縟不得當，如各朵斗栱的耍頭，均塑作獰獰的鬼臉，尤爲滑稽；但就琉璃自身的質地及塑工說，可算無上精品 圖版拾捌（乙）。

前殿 前殿在塔之北；殿的前面及殿前不甚大的院子，整個被高大的塔擋住。 殿面闊五間，進深四間，屋頂單簷歇山造 圖版拾捌（丙）。 斗栱 圖版拾捌（丁），重栱造雙下昂，正面當心間用補間鋪作兩朵，次間一朵，稍間不用；這種的布置，實在是疏朗的，但因開間狹而柱高，故頗呈密擠之狀，驟看似晚代布置法。 但在山面，却不用補間鋪作，這種正側兩面完全不同的布置，又是他處所未見。 柱頭與柱頭間之聯絡，闌額較小，而普拍枋寬大，角柱上出頭處，闌額斫作楷頭，普拍枋頭斜抹角。 我們以往所見兩普拍枋在柱頭相接處 即營造法式所謂『普拍枋間縫』 都頂頭放置，但此殿所見，則如營造法式卷三十所見『勾頭搭掌』的做法，也許以前我們疏忽了，所以遲遲至今纔初次開眼。

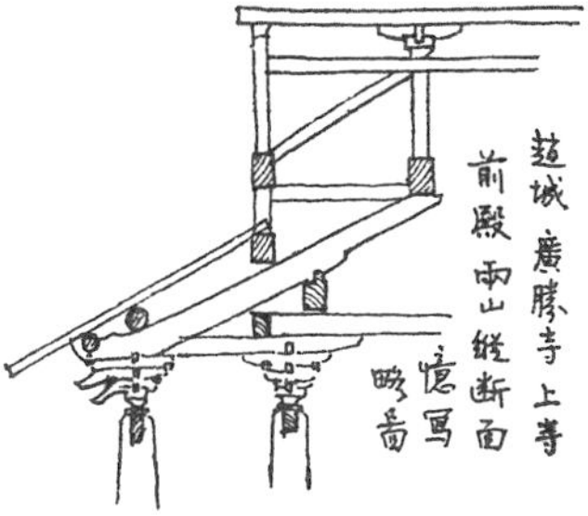

插圖十一

前殿的梁架，與下寺諸殿梁架亦有一個相同之點，就是大昂之應用。 除去前後簷間的大昂外，兩山下的大昂 插圖十一 尤爲巧妙。 可惜攝影失敗，只留得這幀不甚準確的速寫斷面圖。 這大昂的下端，承托在斗栱耍頭之上，中部放在『採步金』梁之上，後尾高高翹起，挑着平梁的中段；這種做法，與下寺所見者同一原則，而用得尤爲得當。

前殿塑像頗佳 圖版拾捌（戊），雖已經過多次的重塑但尚保存原來淸秀之氣。　佛像兩旁侍立像，宋風十足背面像則略次。

正殿　面闊五間懸山造 圖版拾玖（甲），前殿開敞的庭院，與前殿隔院相望。　驟見殿前廊簷，極易誤認爲近世的構造但廊簷之內抱頭梁上，赫然猶見單昂斗栱的原狀 圖版拾玖（乙）。　如同下寺正殿一樣，這殿並不用補間鋪作，結構異常簡潔。　內部梁架因有頂棚，故未得見，但一定也有偉大奇特的做法。

正殿供像三尊，釋迦及文殊普賢，塑工極精，富有宋風；其中尤以菩薩爲美 圖版拾玖（丙）。　佛帳上剔空浮雕花草龍獸幾何紋 圖版拾玖（丁），精美絕倫，乃木雕中之無上好品。　兩山牆下列坐十八羅漢鐵像，大概是明代所鑄。

後殿　居寺之最後。　面闊五間，進深四間，四阿頂 圖版貳拾（甲）。　因面闊進深爲五與四之比，所以正脊長只及當心間之廣，異常短促，爲別處所未見。　內柱相距甚遠，與簷柱不並列。　斗栱爲五鋪作雙下昂 圖版貳拾（乙）。　當心間用補間鋪作兩朵，次間梢間及兩山各用一朵。　柱頭鋪作兩下昂平置，托在梁下，補間鋪作則將第二層昂尾挑起。　柱瘦高，額細長，普拍枋較額略寬。　角柱上出頭處闌額斫作楷頭，普拍枋抹角，做法與前殿完全相同。　殿內梁架用材輕巧，可與前殿相埒。　山面中線上有大昂尾挑上平槫下。　內柱上無內額，四阿並不推山。　梁架一部分的彩畫，如幾道槫下紅地白綠色的寶相華（？）及斗栱上的細邊古織錦文，想都是原來色澤。殿除南面當心間闢門外，四週全有厚壁。壁上畫像不見得十分古也不見得十分好。當心間格扇花心用雕鏤拼鑲極精細的圓形相交花紋（圖版貳拾（丙））略如營造法式卷三十二所見『挑白毬文格眼』而精細過之。這格扇的格眼，乃由許多各個的梭形或箭形雕片鑲成，在做工上是極高的成就。在橫披上，格扇紋樣與下面略異，而較近乎清式『菱花格扇』的圖案。

後殿佛像五尊，塑工甚劣，面貌肥俗，手臂無骨，衣褶圓而不垂，背光繁縟不堪，佛髻及髮全是密宗的做法，（圖版貳拾（丁））。侍立菩薩較清秀，但都不如正殿塑像遠甚。

廣勝寺上下兩院的主要殿宇，除琉璃寶塔而外，大概都屬於同一個時期，它們的結構法及作風都是一致的。

上下兩寺壁間嵌石頗多，碑碣也不少，其中敘述寺之起原者，有治平元年重刻的郭子儀奏碣。碣字體及花邊均甚古雅。文如下：

晉州趙城縣城東南三十里，霍山南脚上，古育王塔院一所。右河東□觀察使司徒□兼中書令汾陽郡王郭子儀奏；臣據□朔方左廂兵馬使，開府儀同三司，試太常卿，五原郡王李光瓚狀稱；前塔接山帶水，古跡見存，堪置伽藍，自願成立。伏乞奏置一寺，爲國崇益福□，仍請以阿育王爲額者。臣准狀牒州，勘責，得耆壽百姓陳仙童等狀，與光瓚所請置寺爲廣勝。因伏乞　天恩，遂其誠願，如蒙　特命，賜以爲額，仍請於當州諸寺選僧住持灑掃。　中書門下牒河東觀察使牒奉勅故牒。　大曆四年五月二十七日牒。　住寺闍梨僧□切見當寺石碣歲久隳壞年深今欲整新重標斯記。　治平元年十一月二十九日。

由右碣文看來，寺之創立甚古，而在唐代宗朝就原有塔院建立伽藍，敕名廣勝。　至宋英宗時，伽藍想仍是唐代原建。　但不知何時伽藍頹毀，以致需要將下寺

計九殿自(金)皇統元年辛酉 公元一一四一 至貞元元年癸酉 公元一一五三，歷二十三年，無年不興工。……

却是這樣大的工程，據元延祐六年 公元一三一九 石，則

大德七年 公元一三〇三 地震，古刹毀，大德九年修渠 按即下寺前水渠，木裝。　延祐六年始修殿。

大德七年的地震一定很劇烈，以致『古刹毀』。　現存的殿宇，用大昂的梁架雖屬初次拜見，無由與其他梁架遺例比較。　但就斗栱枋額看，如下昂嘴纖弱的卷殺，普拍枋出頭處之抹去方角，都與他處所見相似。　至於瘦高的簷柱和細長的額枋，又與霍縣文廟如出一手。　其爲元代遺物，殆少可疑。　不過梁架的做法，極爲奇特，在近數年尋求所得，這還是惟一的一個孤例，極值得我

們研究的。

趙城縣 廣勝寺 明應王殿

廣勝寺在趙城一帶，以其泉水出名。在山麓下下寺之前，有無數的甘泉，由石縫及地下湧出，供給趙城洪洞兩縣飲料及灌漑之用。凡是有水的地方都得有一位龍王，所以就有龍王廟。這一處龍王廟規模之大，遠在普通龍王廟之上，其正殿—明應王殿—竟是個五間正方重簷的大建築物（圖版貳拾壹(甲)）。若是論到殿的年代，也是龍王廟中之極古者。

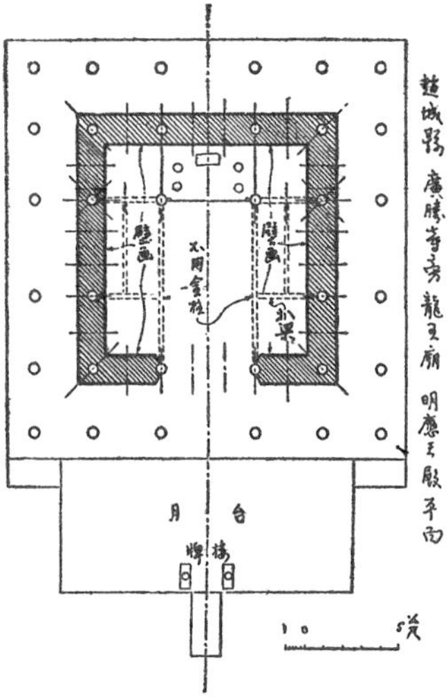

插圖二十

明應王殿平面五間正方形，其中三間正方爲殿身，週以迴廊。上簷顯山頂，簷下施重栱雙下昂斗栱。當心間施補間鋪作兩朵，次間施一朵。斗栱（圖版貳拾壹(乙)）權衡頗爲雄大，但兩下昂都是平置的華栱而加以昂嘴的。下簷只用單下昂，次間稍間不施補間鋪作，當心間只施一朵，而這一朵却有四十五度角的斜昂。闌額的權衡上下兩簷有顯著之異點，上簷闌額較高較薄，下簷則極小；而普拍枋則上簷寬薄而下簷高厚。上簷以闌額爲主而輔以普拍枋，下簷與之正相反，且在額下施繁縟的雕花罩子。殿身內前面兩金柱省去，而用大梁由前面重簷柱直達後金柱，而在前金柱分位上施扒梁（插圖十二）。並無特殊之點。

明應王殿四壁皆有壁畫，爲元代匠師筆蹟。據說正門之上有畫師的姓名及年月，須登梯拂塵燃燈始得讀，惜匆匆未能如願。至於壁畫，其題材純爲非宗教的現有古代壁畫，大多爲佛像，這種題材至爲罕貴。

至於殿的年代，大概是元大德地震以後所建，與嵩山少林寺大德年間所建鼓樓，有許多相似之點。

明應王殿的壁畫和上下寺的梁架，都是極罕貴的遺物，都是我們所未見過的獨例。由美術史上看來，都是絕端重要的史料。我們預備再到趙城作較長時間的逗留，俾得對此數物作一個較精密的研究。目前只能作此簡略的記述而已。

趙城縣　霍山　中鎮廟

照縣志的說法，廣勝寺在縣城東南四十重霍山頂，興唐寺唐建，在城東三十里霍山中，所以我們認為他們在同一相近的去處同在霍山上，相去不過二十餘里，因而預定先到廣勝寺，再由山上繞至興唐寺去。 却是事實乃有大謬不然者。 到了廣勝寺始知到興唐寺還須下山繞到去城八里的侯村，再折回向東行再行入山始能到達。 我心想既稱唐建，又在山中，如果原構仍然完好，我們豈可憚煩，輕輕放過。

我們晨九時離開廣勝寺下山，等到折回又到了霍山時已走了十二小時！沿途風景較廣勝寺更佳，但近山時實已入夜，山路崎嶇，峯巒迫近如巨屏，谷中漸黑，凉風四起，只聽脚下泉聲奔湍，看山後一兩顆星點透出夜色，騾役俱疲，摸索難進，竟落後里許。 我們本是一直徒步先行的，至此更得奮勇前進，不敢稍怠（怕夫役强主回頭在小村落裏住下）入山深處，出手已不見掌，加以脚下危石錯落，松柏橫斜，行頗不易。 喘息攀登，約一小時，始見遠處一燈高懸，掩映松間，知已近廟，更急進敲門。

等到老道出來應對，始知原來我們仍還離着興唐寺三里多，這處為霍岳山神之廟，亦稱中鎮廟。 乃將錯就錯，在此住下。

我們到時已數小時未食，故第一事便到「香廚」裏去烹煮，廚在山坡上窰穴中，高踞廟後左角，廟址既大，高下不齊，廢園荒圃，在黑夜中更是神秘，當夜我們就在正殿塑像下秉燭洗臉鋪床，同時細察梁架，知其非近代物。　這殿奇高，獨影之中，印象森然。　興唐寺雖在山中，却不知如何竟已全部折建，除却幾座清式的小殿外，還加洋式門面等等；新塑像極小，或罩以玻璃框，鄙俗無比，全廟無一樣值得紀錄的。

第二天起來，忙到興唐寺去，一夜的希望頓成泡影。

中鎮廟雖非我們初時所屬意，來後倒覺得可以略略研究一下。　據山西古物古蹟調查表，謂廟之創建在隋開皇十四年，其實就形制上看來，恐最早不過元代。

殿身五間，週圍廊，重簷歇山頂。　上檐施單抄單下昂五鋪作斗栱，下簷則僅單下昂。　斗栱頗大，上下簷俱用補間鋪作一朵（圖版貳拾壹(丙)）。　昂嘴細長而直；耍頭前面微顱，而上部圓頭突起，至爲奇特。

太原縣　晉祠

晉祠離太原僅五十里，汽車一點多鐘可達，歷來爲出名的「名勝」，聞人名士由太原去遊覽的風氣自古盛行。　我們在探訪古建的習慣中，多對『名勝』懷疑：因爲最是『名勝』容易遭「重修」，乃至於『重建』的大毀壞，原有建築故最難得保存！　所以我們雖然知道晉祠離太原近在咫尺，且在太原至汾陽的公路上，我們亦未嘗預備去訪『勝』的。

直至赴汾的公共汽車上了一個小小山坡，繞着晉祠的背後過去時，忽然間我們才驚異的抓住車窗，望着那一角正殿的側影，愛不忍釋。　相信晉祠雖成『名勝』，卻仍爲『古蹟』無疑。　那樣魁偉的殿頂，雄大的斗栱，深遠的出簷，到汽車過了對面山坡時，尚巍巍在望，非常醒目。　晉祠全部的佈置，則因有樹木看不清楚，但範圍不小，卻也是一望可知。

我們慚愧不應因其列爲名勝而卽定其不古，故相約一月後歸途至此下車，雖不能詳察或測量，至少亦得流覽攝影，略考其年代結構。

由汾回太原時，我們在山西已過了月餘的旅行生活，心力俱疲，還帶着種種行李什物，諸多不便，但因那一角殿宇，常在心目中，無論如何不肯失之交臂，所以到底停下來，預備作半日的勾留，如果錯過那末後一趟公共汽車回太原的話，也只好聽天由命，晚上再設法露宿或住店！

在那種不便的情形下，帶着一不做二不休的拚命心理，我們下了那擠到水洩不通的公共汽車，在大堆行李中，檢出我們的『粗重細軟』——由杏花村的酒罈子到峪道河邊的蘭芝種子——累累贅贅的，背着揹着，到車站裏安頓時，我們幾乎埋怨到晉祠的建築太像樣——如果花花簇簇的來個乾隆重建，我們這些麻煩，不全省了麼？

但是一進了晉祠大門，那一種說不出的美麗輝映的大花園，使我們驚喜愉悅，過於初時的期望。無以名之，只得叫它做花園。其實晉祠佈置又像廟觀的院落，又像華麗的宮苑，全部兼有開敞堂皇的局面和曲折深邃的雅趣，大殿樓閣在古樹婆娑池流映帶之間，實像個放大的私家園亭。

所謂唐槐周柏，雖不能斷其爲原物，但枝幹奇偉，虬曲橫臥，煞是可觀。池水清碧，游魚閑逸，還有後山石級小徑樓觀石亭各種襯托。各殿雄壯，巍然其間，使初進園時的印象，感到俯仰堂皇左右秀媚，無所不適。雖然再進去卽發見近代名流所增建的中西合璧的醜怪小亭子等等，夾雜其間。

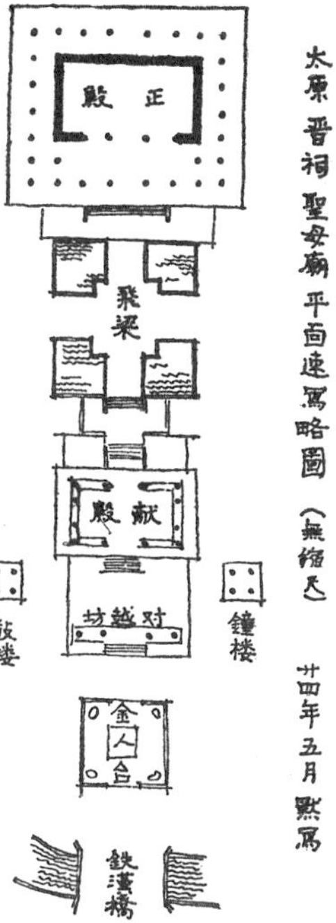

插圖十三

聖母廟爲晉祠中間最大的一組建築；除正殿外，尚有前面「飛梁」（卽十字木橋），獻殿及金人台，牌樓等等（插圖十三），今分述如下：

正殿　晉祠聖母廟大殿（圖版貳拾貳（甲）），重簷歇山頂，面闊七間，進深六間，平面幾成方形，在佈置上至爲奇特。殿身五間，副階周帀。但是前廊之深爲兩間，內槽深三間（插圖十三），故前廊異常空敞，在我們尚屬初見。

斗栱的分配，至爲疎朗（圖版貳拾貳（乙））。 在殿之正面，每間用補間鋪作一朵，側面則僅梢間用補間鋪作。 下簷斗栱五鋪作，單栱出兩跳；柱頭出雙下昂，補間出單抄單下昂。 上簷斗栱六鋪作，單栱出三跳，柱頭出雙抄單下昂，補間出單抄雙下昂，第一跳偸心，但飾以翼形栱。 但是在下昂的形式及用法上，這裏又是一種曾未得見的奇例。 柱頭鋪作上極長大的昂嘴兩層，與地面完全平行，與柱成正角，下面平，上面斫顱，並未將昂嘴向下斜斫或斜插，亦不求其與補間鋪作的眞下昂平行，完全眞率的坦然放在那裏，誠然是大膽誠實的做法。 在補間鋪作上，第一層昂昂尾向上挑起，第二層則將與令栱相交的要頭加長斫成昂嘴形，並不與眞昂平行的向外伸出。這種做法與正定龍興寺摩尼殿斗栱極相似，至於其豪放生動，似較之尤勝。 在轉角鋪作上，各層昂及由昂均水平的伸出，由下面望去，頗呈高爽之象。 山面除梢間外，均不用補間鋪作。 斗栱彩畫與營造法式卷三十四『五彩遍裝』者極相似。 雖屬後世重裝，當是古法。

這殿斗栱俱用單栱，泥道單栱上用柱頭枋四層，各層枋間用斗墊托。 闌額狹而高，上施薄而寬的普拍枋。 角柱上只普拍枋出頭，闌額不出。 平柱至角柱間，有顯著的生起。 梁架爲普通平置的梁，殿內因黑暗，時間匆促，未得細查。 前殿因深兩間，故在四椽栿上立童柱，以承上簷，童柱與相對之內柱間，除斗栱上之乳栿及劄牽外，柱頭上更用普拍枋一道以相固濟（圖版貳拾貳（丙））。

按衛聚賢晉祠指南，稱聖母廟為宋天聖年間建。由結構法及外形姿勢看來，較營造法式所訂的做法的確更古拙豪放，天聖之說當屬可靠。

獻殿　獻殿（圖版貳拾叁（甲））在正殿之前，中隔放生池。殿三間，歇山頂。與正殿結構法手法完全是同一時代同一規制之下的。斗栱（圖版貳拾叁（乙））單栱五鋪作，柱頭鋪作雙下昂，補間鋪作單抄單下昂，第一跳偷心，但飾以小小翼形栱。正面每間用補間鋪作一朵，山面惟正中間用補間鋪作。柱頭鋪作的雙下昂，完全平置，後尾承托梁下，昂嘴與地面平行，如正殿的昂，補間則下昂後尾挑起，耍頭與令栱相交，長長伸出斫作昂嘴形。兩殿斗栱外面不同之點，惟在令栱之上，正殿用通長的挑簷枋，而獻殿則用替木。斗栱後尾惟下昂挑起，全部偷心，第二跳跳頭安梭形『栱』（圖版貳拾叁（丙）），單獨的昂尾挑在平槫之下。至於柱額普拍枋，與正殿完全相同。

獻殿的梁架，只是簡單的四椽栿上放一層平梁，梁身簡單輕巧，不弱不費，故能經久不壞。殿之四周均無牆壁，當心間前後闢門，其餘各間在堅厚的檻牆之上安直櫺柵欄，如營造法式小木作中之叉子，當心間門扇亦為直櫺柵欄門。

殿前階基上鐵獅子一對（圖版貳拾叁（丁）），極精美，筋肉真實，靈動如生。左獅胸前文曰『太原文水弟子郭丑牛兒……政和八年四月二十六日』，座後文為『靈石縣任章常杜任用，沒和定……』。右獅字不全，只餘『樂善』二字。

飛梁　正殿與獻殿之間，有所謂「飛梁」者，橫跨魚沼之上。在建築史上，這「飛梁」是我們現在所知的惟一的孤例。本刊五卷一期中，劉敦楨先生在石軸柱橋述要一文中，對於石柱橋有詳細的伸述，並引關中記及唐六典中所紀錄的石柱橋。就晉祠所見，則在池中立方約三十公分的石柱若干，柱上端微卷殺如殿宇之柱；柱上有普拍枋相交，其上置斗，斗上施十字栱相交，以承梁或額（圖版貳拾肆（甲））。在形制上這橋誠然極古，當與正殿獻殿屬於同一時期。而在名稱上尚保存着古名，謂之飛梁，這也是極罕貴值得注意的。

金人　獻殿前牌樓之前，有方形的台基，上面四角上各立鐵人一，謂之金人臺。四金人之中，有兩個是宋代所鑄，其西南角金人（圖版貳拾肆（乙）及（丙））胸前鑄字，為宋故綿州魏城令劉植……等於紹聖四年立。像塑法平庸，字體尚佳。其中兩個近代補鑄，一清朝，一民國，塑鑄都同等的惡劣。

晉祠範圍以內，尚有唐叔虞祠，關帝廟等處，匆促未得入覽，只好俟諸異日。唐貞觀碑原石及後代另摹刻的一碑均存，且有碑亭妥為保護。

山西民居

門樓　山西的村落無論大小很少沒有一個門樓的 圖版貳拾伍(甲)。 村落的四週，並不一定都有圍牆，但是在大道入村處，必須建這種一座紀念性建築物提醒旅客，告訴他又到一處村鎮了。 河北境內雖也有這種布局，但究竟不如山西普遍。

山西民居的建築也非常複雜，由最簡單的穴居到村莊裡深邃富麗的財主住宅院落，到城市中緊湊細緻的講究房子，頗有許多特殊之點，值得注意的。 但限於篇幅及不多的相片，只能略舉一二，詳細分類研究，只能等候以後的機會了。

穴居　穴居之風，盛行於黃河流域，散見於河南，山西，陝西，甘肅諸省，龍非了先生在本刊五卷一期穴居雜考一文中，已討論得極爲詳盡。 這次在山西隨處得見；穴內冬暖夏涼，住居頗爲舒適，但空氣不流通，是一個極大的缺憾。 穴窰均作拋物線形，內部有裝飾極精者，窰壁抹灰，乃至用油漆護牆。 窰內除火坑外，更有衣櫥桌椅等等傢俱。 窰穴時常據在削壁之旁，成一幅雄壯的風景畫 圖版貳拾伍(乙)，或有穴門權衡優美純淨，可在建築術中稱上品的 圖版貳拾伍(丙)及(丁)。

磚窰　這並非北平所謂燒磚的窰，乃是指用磚發券的房子而言 圖版貳拾陸(甲)。 雖沒有向深處研究，我們若說磚窰是用磚來摹倣崖旁的土窰，當不至於大錯。 這是因住慣了穴居的人，要脫去土窰的短處，如潮濕，土陷的危險等等，而保存其長處，如高度的隔熱力等，所以用磚砌成窰形，三眼或五眼，內部可以互通。 爲要壓下券的推力，故在兩旁須用極厚的牆墩：爲要使券項堅固，故須用土作撞券。 這種極厚的牆壁，自然有極高的隔熱力的。

這種窰券項上，均用磚墁平 圖版貳拾陸(乙)，在秋收的時候，可以用作曝晒糧食的露台。 或防匪時村中臨時城樓，因各家窰項多相聯，爲便於升上窰項，所以窰旁均有階級可登。 山西的民居，無論貧富，什九以上都有磚窰或土窰的，乃至在寺廟建築中，往往也用這種做法。 在趙城至霍山途中，適過一所建築中的磚窰 圖版貳拾陸(丙)，頗饒趣味。

在這裏我們要特別介紹在霍山某民居門上所見的木版印門神 圖版貳拾陸(丁)，那種簡潔剛勁的筆法，是匠畫中所絕無僅有的。

磨坊 磨坊雖不是一種普通的民居，但是住着却別有風味。 磨坊利用急流的溪水做發動力，所以必須引水入庭院而入室下，推動機輪，然後再循着水道出去，流入山溪。 因磨粉機不息的震動，所以房子不能用發券，而用特別粗大的梁架。 因求麵粉潔淨，坊內均鋪光潤的地板。 凡此種種，都使得磨坊成爲一種極舒適涼爽，又富有雅趣的住處 圖版貳拾柒(甲)及(乙)(丙)，尤其是峪道河深山深溪之間，世外桃源裏，難怪得被洋人看中，做消夏最合宜的別墅。

山全部的布局上看來，山西的村野的民居，最善利用地勢，就山崖的峻緩高下，層層疊疊，自然成畫，使建築在它所在的地上，如同自然由地裏長出來，權衡適宜，不帶絲毫勉強，無意中得到建築術上極難得的優點。

農莊內民居　就是在很小的村莊之內，莊中富有的農人也常有極其講究的房子。這種房子和北方城市中『瓦房』同一模型，皆以『四合頭』爲基本分配的形式，中加屏門垂花門等等。其與北平通常所見最不同處有四點：

一，在平面上假設正房向南，東西廂房的位置全在北房『通面闊』的寬度以內，使正院成一南北長東西窄狹長的一條，失去四方的形式　圖版貳拾伍（戊）。這個佈置在平面上當然是省了許多地盤，比將廂房移出正房通面闊以外經濟，且因其如此，正房及廂房的屋頂（多半平頂）極容易聯絡，石梯的位置就可在廂房北頭，夾在正房與廂房之間，上到某程便可分兩面，一面旁轉上到廂房頂，又一面再上幾級可達正房頂。

二，雖說是瓦房，實仍爲平頂磚窰，僅留前廊或前簷部分用斜坡青瓦。側面看去實像磚牆前加用『雨搭』。

三，屋外觀印像與所謂三開間同，但內部卻仍爲三窰眼，窰與窰間亦用發券門，印象完全不似尋常堂屋。

四，屋的後面女兒牆上做成城樓式的箭垛，所以整個房子後身由外面看去直成一座堡壘，圖版貳拾柒（丁）。

城市中民房 如介休靈石城市中民房與村落中講究的大同小異，但多有樓，如用窰造亦僅限於下層。 城中房屋櫛篦，擁擠不堪，平面佈置尤其經濟，不多佔地盤，正院普通的更瘦窄。一房與他房間多用夾道，大門多在曲折的夾道內，不像北平房子之莊重均衡，雖然內部則仍沿用一正兩廂的規模。

這種房子最特異之點，在瓦坡前後兩片不平均的分配。 房脊靠後許多，約在全進深四分之三的地方，所以前坡斜長，後坡短促，前簷玲瓏，後牆高壘，作內秀外雄的樣子，倒極合理有趣。趙城霍州的民房所佔地盤較介休一般從容得多。 趙城房子的簷廊部分尤多繁富的木雕，院內眞是畫梁雕棟琳瑯滿目，房子雖大，聯絡甚好，因廂房與正屋多相連屬，可通行

山莊財主的住房 這種房子在一個莊中可有兩三家，遙遙相對，仍可以令人想像到當日的氣焰。 其所佔地面之大，外牆之高，磚石木料上之工藝，樓閣別院之複雜，均出於我們意料之外甚多。 靈石往南，在汾水東西有幾個山莊，背山臨水，不宜耕種，其中富戶均經商別省，發財後回來築舍顯耀宗族的。

房子造法形式與其他山西講究房子相同，但較近於北平官式，做工極其完美。 外牆石造雄厚驚人，有所謂『百尺樓』者，即此種房子的外牆，依着山崖築造，樓居其上。 由莊外遙望十數里外猶可見，百尺矗立，崔嵬奇偉，足鎮山河，爲建築上之榮耀！

結尾

這次晉汾一帶暑假的旅行，正巧遇著同蒲鐵路興工期間，公路被毀，給我們機會將三百餘里的路程慢慢的細看假使坐汽車或火車則有許多地方都沒有停留的機會我們所錯過的古建，是如何的可惜。

山西因歷代爭戰較少，故古建築保存得特多。 我們以前在河北及晉北調查古建築所得的若干見識，到太原以南的區域，若觀察不愼，時常有以今亂古的危險。 在山西中部以南，大個兒斗栱並不希罕，古制猶存。 但是明清期間山西的大斗栱栱頭昂嘴的卷殺，極其彎矯，斜栱用得毫無節制，而斗栱上加入纖細的三福雲一類的無謂雕飾，尤其曝露後期的弱點，所以在時代的鑑別上，仔細觀察，還不十分擾亂。

殿宇的制度，有許多極大的寺觀，主要的殿宇都用懸山頂，如趙城廣勝下寺的正殿前殿，上寺的正殿等等，與清代對於殿頂的觀念略有不同。 同時又有多種複雜的屋頂結構，如霍縣火星聖母廟文水縣開栅鎮聖母廟等等，爲明清以後官式建築中所少見。 有許多重要的殿宇簷椽之上不用飛椽，有時用而極短。 明清以後的作品，雕飾偏於繁縟，尤其屋頂上的琉璃瓦，製瓦者往往爲對於一件一題雕塑的興趣所驅而忘却了全部的布局，甚悖建築圖案簡潔的美德。

發劵的建築爲山西一個重要的特徵，其來源大概是由於穴居而起，所以民居廟宇莫不用之而自成一種特徵，如太原的永祚寺大雄寶殿，是中國發劵建築中的主要作品，我們雖然懷疑它是受了耶蘇會士東來的影響，但若沒有山西原有通用的方法，也不會型成那樣一種特殊的建築的。在劵上築樓，也是山西的一種特徵，所以在古劇裏，凡以山西爲背景的，多有上樓下樓的情形，可見其爲一種極普遍的建築法。

趙城縣廣勝寺在結構上最特殊，寺旁明應王殿的壁畫，爲壁畫不以佛道爲題材的唯一孤例，所以我們在最近的將來，即將前往詳究。晉祠聖母廟的正殿，飛梁，獻殿，爲宋天聖間重要的遺構，我們也必須去作進一步的研究的。

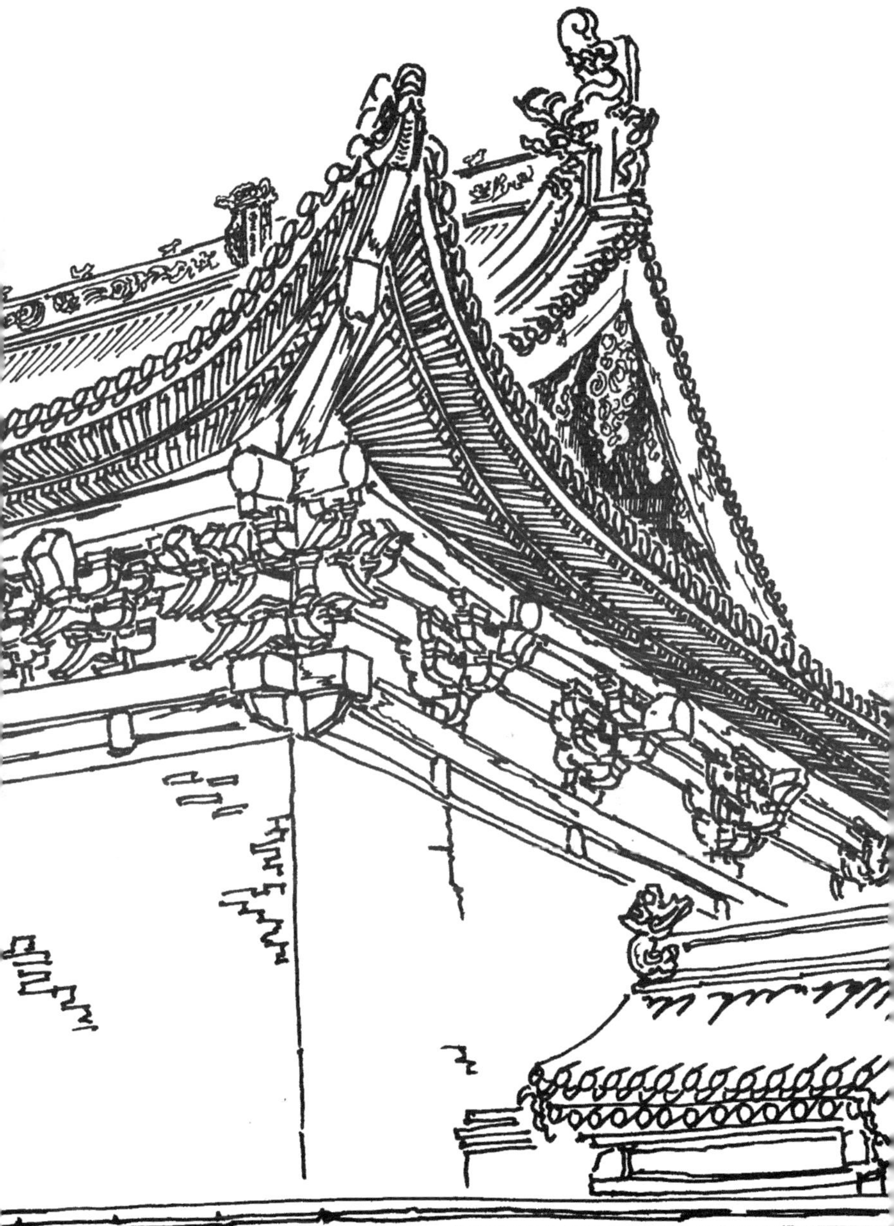

山西省太原市晋祠圣母殿

二〇一八年五月八日 上午九时—下午十七时廿五分　连达

坤厚載物

山西省汾阳市栗家庄乡田村 圣母庙

二〇一八年四月十六日 下午十五时十分—十七时 连达

馬王殿

山西省洪洞县广胜上寺速写

二〇一六年五月三日 晨七时二十分—八时四十分 运达

山西省洪洞县广胜上寺前殿

二〇一六年五月三日 上午十时四十分一下午十三时十五分　连达

山西省洪洞县广胜下寺后大殿

二〇一六年五月二日 下午十四时二十分——十六时三十分 连达

對越

山西省汾阳市上庙村太符观昊天玉皇上帝之殿
二〇一七年六月二十九日十四时三十分—十七时五十分
连达

山西省洪洞县广胜寺镇霍泉三七分水亭

二〇一二年八月二十一日晨七时三十分—八时四十分 连达

梅花遜雪

山西省汾阳市上庙村

太符观山门

二〇一七年六月二十九日 八时三十分—十一时三十分 连达